好設計
讓你的家
多 2+ 坪

不浪費裝修術！
賺空間、省設備、少建材、
家具一件就搞定，
還能無中生有多一房

尤噠唯 著

原點

content

3 好設計，讓你的家多2坪！

透過好設計，賺了坪數就是省下百萬！

多年前的某一天，一位好久沒見的業主忽然說要來事務所看看我們。他的家距離裝修完工，約莫也已經超過兩年以上，那一天，他除了祝賀我們這幾年的成長、持續獲得一些國內外獎項外，也像老朋友一樣噓寒問暖……。

要離開的時候，他問我：「小尤，你知道在設計上，如果客戶問你們有什麼競爭優勢？能提供給客戶什麼樣的保證？你會怎麼回答？」面對他似乎有備而來的一問，我當時說了一些公司給委託合作業主，將來能提供的設計專業諮詢、規畫、圖文……等的保障說明，但這樣的回答，似乎不能讓他滿意。

他告訴我，經過這些年的居住結果，他觀察到一件事，其實在我們設計的房子裡，已經讓他們的房子，在使用上多了好幾坪，尤其在寸土寸金、房價高漲的年代裡，感覺已幫他們多買了好幾坪的房子，省了幾百萬的費用了。

我當時對他們說的話感到既開心又驚訝！一直以來，從念建築、工作、開業到現在，也超過20、30年的時間，我們只知道如何盡力把客戶不同的需要做好，同時在設計上，不斷想要突破、變化、超越。當然，除了解決需求問題外，我們更重視居住者自己的嗜好、習慣、收藏……等的特性。因為我們知道有主角的故事，一定最美最動聽。

但這位屋主，卻一針見血地為我們的設計工作下了最棒、最美的註解，也是每個屋主最想要委託我們設計的重點。因此「好設計，讓你的家多2坪」一書，就此誕生。

而這本書，我們就從心法開始，整理出讓家好住的10大超實用設計。

此外，我們還將執業多年來，「一個房子3款平面圖」做一次大公開！不同的平面思考，都會產生不同的使用方式和結果，我們希望帶著讀者一起，如何學會看平面圖，選對真正要的家居生活。

最後，我也希望分享這些年來，應用了這些心法所設計執行出的真實案例，這些案例裡，同時有不少得過知名住宅獎項，在此與大家分享。

尤噠唯

屋主心內話，住過的最知道！

01 小尤是一個會反覆確認歸納業主需求，對業主的動搖修改說No的設計師。本來我覺得機車，但看到成品後了解到小尤的設計，穿透了我們真正的需求，中間糾結的修改都是不必要的。完成的空間通透性設計強，看起來超大！朋友來家裡都以為是「豪宅」。此外，櫃子收納的設計上非常用心，收納量相當充足，用超過三年了還沒能完全塞滿。

——鴻海集團富智康公司獨立董事　陶韻智

02 當初買下房子只看到採光好及環境的便利性，完全沒有考慮到樑柱粗大，天花板較低以及較難發揮設計的長方形格局，幸運的是我們找到尤先生，幫我們完成夢想的家。

——貿易公司業務　莊先生

03 客餐廳的那一片牆，在看設計圖時原以為只是跳色拼貼木皮！但有天到現場一看，為之驚豔！竟是扎實的各色厚木片，現場的木工師傅說：「做這個好費工，工人唉唉叫的！」我跟我太太都很喜歡，外面真的沒什麼人會這樣做。選材與隔局都很有新意的尤設計師，下次若要再換房，我還是會請他做設計，

—— HTC無線系統部門資深處長　鄧尚威

04 設計師重視「人」勝過空間，他看得見人在住宅裡心理上基本卻微小的需求。在空間上，我喜歡設計師預留的穿透感，尤其是半開放式的廚房與餐廳；最讓我驚豔，也最實用的則是「永久保固」這一點。

——出版諮詢顧問，原繪本共學空間主人　簡玉珊

05 因為希望能兼顧長輩與小孩的照顧，我們天真的尋求尤先生的協助，為何說天真呢？三代同堂，五大二小，30幾坪的老屋，我們奢望老屋改造成功能健全、溫馨、舒適、滿足全家各個年齡層需求。一開始擔心這是不可能的任務，但尤先生總能提出多種方案與巧妙設計供我們選擇！真的，尤先生做到了！

——華碩電腦 營運管理中心副理　蔡佳菱Monica

06 和尤建築師熟識多年，不久前換房子時請他幫我們新家裝修。由於本身從事景觀及建築設計，自然有其要求。尤建築師在空間的處理上簡潔有力；在收納上，由少變多，加上善用自然材，讓人覺得『家』竟能有如此不同風味。

——鼎晟工程顧問有限公司總經理　張仁模

07　將廚房格局移至屋子的中心，不讓下廚者再隱居廚房！遇到熱炒時只要拉上拉門就可減少油煙飄散。此外進出房門皆爲無門檻設計，降低老年人跌倒風險，搬東西也更輕鬆。設計上切合業主需求，裝修後的服務也都能如實執行與解決，擁有建築師執照讓業主大大放心！

──台灣中油股份有限公司　天然氣事業部前副執行長　王啓佑

08　原本沒有自然光的餐廳，如今竟可以在有風有陽光的空間吃早餐。尤哥在小孩房用架高地板，孩子們都好喜歡那二階樓梯，房子都活潑生動起來，收納空間也大大增加。尤哥體貼入微的考量業主需要，意見不同時，非常有耐心的充份溝通，售後服務也非常棒。

──外商 Managing Director　Peter 劉

09　尤先生的設計溫馨卻又百變，非常適合我們家庭。白天兩個小朋友把整個家當做秘密基地在玩耍，但玩具收納後卻又簡潔優雅。尤先生善於吸收客戶需求及最新資訊，利用每次的交談磨出更新的點子，直到更實體的概念浮出。

──Intel 全球物料管理部工程經理　蘇先生

10　從餐廳到客廳到書房，分則獨立、合則一體的彈性空間，讓整個空間放大，同時花園小空間也有畫龍點睛的效果！小尤是能將主人在乎的品味及嗜好化爲實際空間運用的魔術師！

──三商美邦人壽業務高階經理　洪一弘

11　我們家並不大，也有許多先天的限制，我們夫妻喜愛美食，想要有一個開放的廚房展示我們收藏的鍋具，找過好幾間設計公司後，都無法滿足我們的需求。最後我們找了尤設計師，他就是能在最小的空間內，最大化地呈現客人的需求，同時設計時態度極爲嚴謹。

──美商 opswat 亞太區協理　林秉忠

12　完成後的家最讓我驚艷的是赭紅色主牆，彷彿像個微型藝廊；而架高地板的收納，則讓我們不希望櫃子阻礙視覺的清爽需求，徹底得到滿足。尤大哥很有耐性，不只過程一再確認業主需求，在許可範圍內也會不斷的動腦，嘗試他所想到的各式創意及工法。

──得格工程股份有限公司業務副理　Al Chiang

13　幫客戶設計出實用與美感兼具的空間佈局，如果你願意給他更大的創作空間，他會給你材料上視覺與質感的饗宴！而這樣的裝潢可以高貴不貴。

──中研院博士後研究員　沈介磐

14　當初將老房子交給小尤設計，遇到了屋頂有根大橫樑，沒想到最後不只房子變大、橫樑被隱藏在設計中，整個空間還有渡假小屋的感覺！小尤除了設計感、空間運用的能力，完工後的服務更沒話說！

──萬億股份有限公司副總經理　翁先生

ch 1

10個不可不知，
家的終極整併術！

一物共享，設備一件就搞定！

電視全室走透透，讓每個空間都能擁有它

在不同的區域，卻可以做「同一件」的事情，
意味著相同的需求，只需透過物件共用設計，提供另一區使用，
省去同一裝置的數筆花費，也省去安置所需空間。

一物共享設計的起始，來自於思考如何能讓不同空間，共享同一資源，進而爭取不必要的坪數浪費。這樣的設計會出現在長型街屋的線性空間，或者是小坪數的整併需求。

其中，又以「移動電視牆」的概念最能多方滿足。長型街屋的移動電視牆屏，隨著主人走動讓客廳成為既是廚房、也是餐廳的多功場所。此外，電視牆順著滑軌在同一個軸線上，同時也提供視聽室、臥室共享，即便是客廳旁的浴廁，也可以透過通透的玻璃窗，讓視覺延伸進入臥房，可在浴室裡邊看電視、邊泡澡。

除了「帶著走」的移動性，可360度旋轉的電視牆，恰好滿足的是格局方正的小住宅，將電視設置於中軸，以提供不同使用空間視聽需求……諸如以上藉由可活動、游移的電視透過空間分配，正是一物共享的代表。

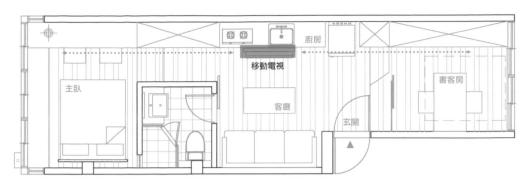

01 全屋走透透電視

長型屋兩端的客房區與主臥做架高平台,深色電視牆全室移動時,除了創造牆體感,行經客廚空間時還可作為廚具的遮屏,讓客廳更為完整。

02

一個電視,360度影像支援

利用高低階差,客廳與餐廳並置,原本一廳的格局,電視運用可旋轉的電視柱架構供兩區使用。

tips **2**

架高設計，強化地坪效益

大平台＝床＋桌＋收納櫃＋電視櫃＋沙發椅

不同機能空間的區隔，容易造成視覺中斷，
利用架高地板延伸到不同空間，
不僅能淡化區隔性、達到串連景深的效果，
更能直接替代單件家具，避免充滿零碎物件。

架高平台設計是體現化零為整的策略，常見於和室、書房，或近年來人氣相當高的發呆亭空間。

架高地板不再只是單純的平面與底下的收納空間，它可以一路延伸，變形成踏階、沙發、邊櫃、電視櫃、茶几、書桌、臥榻等等的各種機能平台，用相同材質的一同性統合起不同空間。

一般來說，架高地板的高度以沙發的高度為基準，約在40～45公分左右，讓地板有如平台，有機會支援公共空間的椅座擴充，同時提供臥舖的床具使用；若再結合伸縮支架，地板床面又能搖身一變為桌面。地板下空間對於一般家庭來說，也是一座令人不容小覷的庫房，大件行李箱厚度30公分，平放置於地板下也是綽綽有餘，休憩、寢睡、收納等生活機能一應俱全。

01

客廳＝踏階＋沙發＋背靠＋沙發邊櫃
圍繞著中庭的客廳和休憩區，以稍低一階的架高地板降成踏階、沙發座區，而相同高度的部分，剛好又成為沙發背靠和可放茶杯、報章雜誌的邊櫃。

02 和室＝踏階＋電視櫃＋茶几

位於客廳後方的開放式和室，架高地板中藏有升降茶几，而地板延伸到客廳成為電視櫃，讓客廳含納了和室，製造出空間景深。

03 客房＝臥榻＋座椅＋書桌

客房的機能通常需要坐、臥、梳妝桌，一樣用架高的手法，設計適當的高度，就可以取代需要放置床架、兩三張座椅、桌子的單件家具配置。

04 小孩房＝

床頭櫃＋收納櫃＋窗前坐榻＋書桌

利用架高概念在床頭做出平台，成為床頭櫃兼收納櫃，足夠大的平台也可當窗前閱讀坐榻，再疊上一層成為書桌，讓空間富有漸漸高升的層次感。

一物多功，一張桌子救空間

桌面萬能結合術＝隔間＋餐桌＋工作桌＋沙發靠背

桌子的功用不只有實際使用的用餐、閱讀等等機能，
有時還能夠使空間中礙眼的柱子化為無形，
甚至成為一種穩定的視覺感。

當空間條件有限，無法犧牲客廳所需的坪數，往往出現的情況是無法再規畫一區獨立餐廳、書房，或是在房間內做了衣櫃卻無法再放下梳妝台，甚至是礙眼的柱子卡在空間中，這時候，其實只要一張桌子就能解救這些狀況！

從水平延伸的角度來看，桌子歸屬於長型物件，適合連結不同空間屬性的物件。例如客廳和廚房之間，已經沒有空間再規畫餐廳，可以將腦筋動到現有的水平檯面上，也就是延伸廚房或開放式書房的檯面，不僅多出的檯面就成為餐桌，延伸的手法還能將兩區串連起來，不會造成空間零碎。

桌子的另一個妙用是解救最惱人的卡在空間中的柱子！對於無法避開的結構柱，不必大費周章以櫃包柱，其實只要用一張桌子就可以使柱體與空間共容，將柱子結合長桌、吧台等，還能成為穩定空間的中心，是成全空間整合的絕佳組合。

01

救柱體！書桌化解屋中柱
一根柱子矗立在主要空間中，還造成內凹的畸零角落，設計上便直接以桌面貫穿柱體，使柱子在空間裡也有了理所當然的存在感，不僅成為穩定書桌的視覺支柱，還創造完整閱讀區。

02 救餐廳！延長書桌為餐桌
廚房位於內凹處，長與寬不允許再規畫餐廳區，因此採取從開放式書房
延伸成餐桌，並與上方平行吊燈層板呼應，整合視覺上的一體感。

03 救玄關！書桌延伸為玄關桌、沙發靠背
無玄關的住家，利用書房空間規畫兩片
格柵做為玄關轉折屏風，而書桌延伸出
格柵成為玄關平台，同時，長桌也可作
為客廳沙發靠背，兼具隔間功能。

島形動線，環狀路徑、走道二用

創造出家的主要動線、服務動線，及多重使用模式

因雙動線、多動線，發展而成的島形動線，
構成一個環狀走動路徑，
不僅有益於經營大宅氣派的主客動線，
對於小宅的開闊性幫助更大。

傳統住宅格局裡，習慣做單一出入口、單一動線的安排，空間使用上少了許多彈性、趣味性。但如果是雙出口、雙動線呢？

試想，位於玄關旁的廚房，面向餐廳、玄關各開兩道門，外出採買回來時，可直接由玄關走進廚房，而不用拎著大包小包繞經客餐廳再進入廚房；相對地，當客人來訪時，又能直接轉進客廳，「主」、「客」涇渭分明雙動線，客人在客廳就不會遇見剛買完菜的太太，主要性動線和服務性動線就可以錯開。此外，動線還可和機能空間結合，走道本身可以是廚房、是餐廳，創造二用效果。對於小住宅有客到，一房想變兩房的需求，更是可以透過拉門與雙動線，達到彈性的運用。

像這樣的環狀動線／雙動線，主要是運用櫃體或桌子做區隔，創造出兩個空間串連感、延續感，此設計同時也會整合空間，更一體更不被切割破碎。兩個動線產生了，也會重新定義家的空間層次，不同的使用模式，更多的細節也會因此出現。

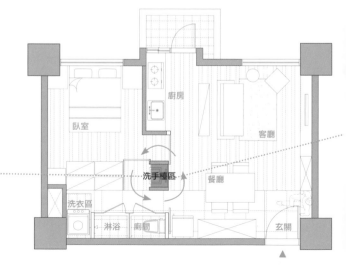

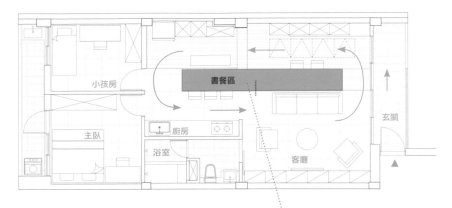

小孩房

主卧

廚房

浴室

書餐區

客廳

玄關

01

以長桌為中島，
書區餐區廚房都共用

將一進門就會看到牆的小房間拆除，以一張大長桌貫穿整個房子，做為公共空間的分割隔間，長桌機能一分為二，成為書區以及用餐區，兩端開口可自由出入，化解原本侷促的住家。

02

以洗手檯為中島，一房可切換二房

原兩廳一房一衛格局，以洗手檯區為中心，猶如一座島，加上3道拉門設計，劃出一個回字形游移動線。提供廳間、寢間、浴間使用。遇到親友留宿時，關閉臥房的兩個開口後，原一房一廳立即做出「一房切換二房」的應對，客廳變客房，主、客使用浴間都自在。

化零為整，櫃牆整併術！

鞋櫃、衣帽櫃、雜物櫃、電視櫃，神龕，以「一」串連

不同分區會讓空間感覺零散，以同一種手法、材質，
連結兩個空間，且將這不同的兩區、兩件事，
視為同一區、同一件事來處理，
如此就達到了化零為整的效果！

空間講求的是整體性，只要有整體感，就不會凌亂。不論是天、地、壁，都是可以拿來將空間化零為整的元素，例如天花板用軌道燈串成一個大空間，有框出整個區塊的感覺；地板和天花板用同一種材質，產生呼應；而壁面是最好用的，不論是水平或垂直，都可以用櫃體延伸的手法，達到同一種主題的延續。

化零為整可以用在不同空間，使用的手法也都不同：

公共客廳區

用「一」的概念，一堵主題牆的力量很大，也能串起水平和垂直的不同區。

水平式　利用主牆串起動線連結各個空間，每個空間一定會有各自獨立的收納與使用需求，用整面收納櫃，內部規畫各區所需的層板高度，便可以一口氣將玄關、客廳、餐廳化零為整。

垂直式　遇到挑空空間，會有一道垂直大牆，同一種材質延伸，將所有櫃子都收在同一面，上下區各收納不同物品，例如下方是電視櫃，上方是書櫃等等。

走道區

用一道走廊櫃體整合各空間，例如將展示櫃、收納櫃、書櫃、房間門片全都整合成一體的立面。

主臥空間

機能最強的臥室是擁有常用衣櫃、更衣室、梳妝台，這時候可以延伸床頭櫃到更衣室矮櫃，再轉變成梳妝台，臥室就會有非常舒適簡潔的整體感。

01 電視牆＝玄關櫃＋魚缸＋藏柱區＋雜物櫃＋電器櫃
用一整面木質櫃體和天花板連結玄關到客廳，從玄關端開始，內部依序是鞋櫃、魚缸、梁下結構柱、客廳雜物櫃、電視牆、電器櫃。

02
走道長櫃＝書櫃＋隔間＋展示櫃＋門片
走道的櫃體引導動線，將內凹處的餐廳一併串連起來，除了是餐櫃，也是書櫃、展示櫃，其中白色處還隱藏了浴室的門片。

03
主臥櫃區＝
更衣室＋書櫃＋化妝書桌＋隔間櫃
窗下的矮櫃是由床頭櫃延伸而來，用同一材質圈圍出更衣室，再將一張梳妝台嵌入櫃體，形成機能完備的臥室更衣間。

善用畸零，不可忽視的0.5坪！

什麼角落都能用，難題變成加分題

畸零空間有點像是空間的「缺陷」，難以使用，往往令人頭痛。
不過，設計可以把難題變成加分題，
多了0.5～1坪的好用櫥櫃、儲藏室，
居家收納如虎添翼！

造成室內的畸零空間可以分成四種狀況：

1 公共區域的電梯或樓梯所在位置—造成室內產生小塊凹凸區域
2 特殊屋型—如三角形屋型，死角區難以利用
3 結構性的畸零空間—樓梯下方，或是結構性不可避免的柱子
4 設計需求產生的剩餘空間—為了滿足主要空間的採光、通風等需求，所造成的小塊空間

以上這些都是難以避免的空間狀況，但通常畸零空間的深度從30公分至60公分不等，可以視深度和鄰近空間設計成「櫃體式」或「空間式」的利用。所謂「櫃體式」，指的就是人無法走進去的區域，例如深度30公分，就可以拿來做物品收納櫃，若有60公分便可設計成衣櫃。如果60公分以上，就很適合規畫為能進入的「空間式」隔間，例如更衣室、儲藏室、浴室。

通常畸零空間是0.5～1坪，轉化為收納區或是附屬空間，這一點點坪數反而能成為非常好用的區域。

01

室內梯下三角區，電視牆＆衣櫃整合
樓梯下的空間設計為門片式的電視牆，如果梯下空間深度為60公分，恰好規畫為衣櫥。

02

公共電梯、樓梯凹凸處，
櫃後做儲物區

電梯位於大門旁，也就是電器
櫃的後方，電梯所佔的深度
夠，因此順勢將廚房後方規畫
為可進入的儲藏室。此外，公
共樓梯間造成室內的內凹，也
可轉為儲藏室與貓屋，只需門
片底部另開貓洞即可。

03

特殊三角屋，淋浴區最適用

三角的特殊屋型，導致不可避免的死角，
設計為淋浴間，角落又可增加置物架，放
置盥洗用品。

浴室

模組收納，垂直牆面有心機

依照物品尺寸和個人喜好，隨時活動調整

透過模組式設計，可以收納達到最大效益，
然而，模組收納卻不一定要用系統櫃才能達成，
使用鐵件和木工一樣也能做到，
不過，即使是一般系統板材，
也能透過設計玩出意想不到的效果！

模組收納設計正夯，用相同規格的手法，可以依照個人物品調整收納方式和層板、抽格等等。這樣的設計最適合利用在一般牆面，將垂直立體的空間盡其所能的使用。

最常見的模組收納便是系統櫃，但系統櫃常落入呆板的印象，其實系統板材運用的可能性很多，透過重組和色系調和，系統櫃也能活用。另外，不少家具廠商也有推出模組式收納，規格化的尺寸如層架、箱盒等套組，只要透過好好規畫，現成家具幾乎像訂製家具一樣合乎空間。

當然，用木工、鐵件也能做出更具設計感的客製化模組，以層板、抽屜、卡榫、鐵件插入、吊掛等不同方式，就可以讓每個人依照所需的物品使用適當的收納方式，活動式的設計，更可以隨心情輕鬆變換居家布置。

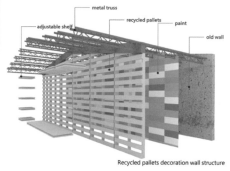

01 **二手棧板＋卡榫層板＝彩色木棧板展示牆**
用木棧板設計的客廳電視牆兼收納牆，都是由85x110cm回收棧木板組構成，使用卡榫方式固定層板，也能使用掛勾掛盆栽或衣物，自由調整位置。

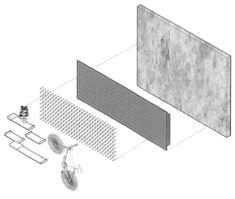

02 **活動層板＋插入式鐵件＝模組收納牆**
在活動層板上鑽上相同模組的孔洞，能夠使用鐵件插入方式固定層板，甚至能負重
腳踏車也沒問題。

03 **雙色系統板，重組出疊疊樂收納櫃**
利用系統板材做出格櫃，格櫃有兩種大小和深度，模
組化的尺寸，橫放、直立、大小格的不同組合堆疊，
都能互相容納。設計上做了小細節，使用深淺不同的
色調搭配，活化了系統板。

04 **無印家具，放對地方就是天作之合**
透過空間的尺寸預留，即便是現成的模組家具，
也能完全融入家的各角落。像是中空層架就成為
廚房與客廳的雙面櫃，從玄關到客廳，則延伸為
鞋櫃、衣帽櫃、電視櫃。

tips **8**

移動式設計，拉門的機能秘密

牆面式拉門，彈性隔間、內玄關效果通吃

所謂門片移動性設計，
思考的是如何才可以多功能地使用空間。
這裡賦予門片活動式隔間的角色，
將空間一分為二，又能二合為一。

當賦予隔間功能，拉門不再只是單純的進入某空間的門片開口，而是猶如一道巨大牆屏在室內存在，門片透過軌道，移動成為劃分兩區的隔間，成為啟動空間使用的開關。

空間如果能以彈性區隔取代固定隔間，空間的活用度便能大為增加，當打開隔間，空間可以成為一個整體使用，必要時，拉門又可以成為牆面，使兩個空間各自獨立運作。最好用的地方是書客房空間，平時是寬敞的書房，加上一道拉門當有客人來時，可以隔出客房，也不會犧牲平時當書房的使用功能。

除了成為彈性隔間，如同牆面的拉門更能將公共空間與私人區域明顯劃分開，形成有如「內玄關」的效果。舉例來說，從客廳通往房間的走道，便能使用宛如客廳主牆的拉門區隔，有客人來時，客廳便形成一個獨立的待客空間。

01

**玄關＋廚房共用拉門，
斜向鐵工拉門玩視線**

玄關和廚房相鄰，一門二用的設計之外，還以斜向鐵工格柵門片顧全入口隱私，讓廚房裡的人可以透視客廳。格柵左下方貼心鏤空設計，則讓端菜的人，可以用腳滑開門片。

02

內玄關效果，公私領域無痕區分

有如牆面的大片板材其實是滑軌拉
門，毫無痕跡地遮擋了通往臥室的
走道。當有客人來，關起拉門，客
廳就是獨立待客空間，也不會打擾
到房間其他家人。

03 **二進式拉門，隱藏多重功能空間**

沙發背牆的門片，滑開是書房空間。進入書房後，還有一道拉門，可以再將平時作為主臥
附屬的書房區隔出一間客房的功能。兩道拉門可以自由區隔出空間的使用程度。

無中生有，偷出家的玄關

向客餐廳借位，地板異材質、櫃的協力定位法

玄關是室內與外的緩衝之地，
不少住宅通常沒有替玄關預留位置，在這樣的狀況下，
利用地坪異材定位、或是利用櫃體創造小走道……
向客餐廳偷點空間來用，是不錯的方法。

玄關是回家進入屋內及換鞋的轉換空間，具有緩衝內外關係功能，也能保有室內隱私，只是，若是主空間本身已經沒有太大腹地，就得想辦法無中生有。

像是大門直接開在客廳餐廳中間，可以利用地面材質做文章，讓玄關地坪跳色或是使用異材質，與主空間有所區隔。衣鞋的收納也可和餐櫃、電視櫃整併，分區分類使用。

若是大門入口在最側邊，或是有一個淺轉折，利用隔屏或是雙面櫃與主空間局部分隔，就可直接在家中創造出一個走道式玄關。

看似不到半坪的玄關，對於家人而言除了機能上的滿足，還有著回家、出門的情緒轉換效果，是不可小覷的空間！

01

迷你小玄關＝三角黑色木地板＋鋼管小平台
大門開口正好位於客餐廳中間，於是利用餐桌旁的牆體規畫儲物櫃，部分支援玄關收納，黑色鋼管與三角小平台對應玄關地坪造型，是簡便不佔空間的穿鞋椅。

02 角落玄關＝三角平台穿鞋椅＋45度角鞋櫃

大門位於角落空間，緊鄰廚房，利用三角櫃體讓鞋櫃、電視櫃與廚櫃三面共用，同時也包圍出一個完整的玄關角落，並具備了穿鞋椅。

03 向餐廳借玄關＝一體櫃牆＋中軸屏風

大門一打開就是餐廳，於是使用了雙牆概念，一邊是透過與電視牆同一堵牆體讓鞋櫃也併入收納及展示牆體中。另一側則透過玻璃的屏風，劃分出獨立玄關，讓餐廳不受干擾。

綠光概念，植物與光是加分題

陽台不外推，露台不加蓋，CP值比室內化還大

保留家的呼吸綠地，如陽台、露台、天井，
除了帶來四季光影的溫暖感知和視覺延續，
最重要的是，空間開放了，心境也就開闊了。

陽台是大部分家庭都會有的區域，陽台寬度基本上約有90～200cm，以往的觀念傾向外推，變成室內空間，但其實光影和綠意是展現空間感的重要元素，一旦讓光線和綠意由陽台自然進入室內，家，比我們想像中的開闊。

只要將陽台和露台打造成可坐可臥、和室內有連結感，就可以將容易閒置的區域變成經常使用的休憩區。例如以植栽取代制式的欄杆鐵件，運用花台的深度，阻隔出一個視覺上的安全距離，花台就是坐台，觀星賞月的最佳椅座，而且將阻絕室內外連結的不利因子減至最低限，人在室內活動，彷彿擁有一整個天空視野。

天井也是一塊非常值得善加保留利用的地方，本意是一處淋得到雨、吹得到風，冷暖即知的小宇宙，位置往往落在房子中段，等於是心肺地帶，幫助採光、空氣流動。利用室內的架高地板、坐櫃平台等向屋外跨越延伸，人們的腳步自然跟著走出去，天井中庭化的附加效益高，遠遠不是天井室內化所能相提並論。

01

地板延伸，植土溝槽式設計
將地板材質往陽台延伸，如同將室內加大增設休憩天地。可修改護欄作為坐台，或以降階地板種植植栽取代護欄，望出去是恰好的綠意，溝槽式設計也有利於排水。

02 半高透明玻璃護欄，圈出通透陽台

以半身高的透明玻璃取代扶手欄杆，一方面保留了大面景觀不受線條切割，也形成半戶外、半室內的陽台空間。

03 房間圍繞天井，家中的發光盒子

還原天井最初的樣子，進一步改造、綠化經營，打開室內與天井比鄰的空間，導入綠光，在屋子裡形成流動的韻律，一個空間彷彿擁有兩個空間的開闊。

ch 2

看平面圖選好生活，一個家3種設計！

設計人的家，
想要下班後的工作角落

玄關櫃、工作桌、餐桌，配置大不同

BEFORE

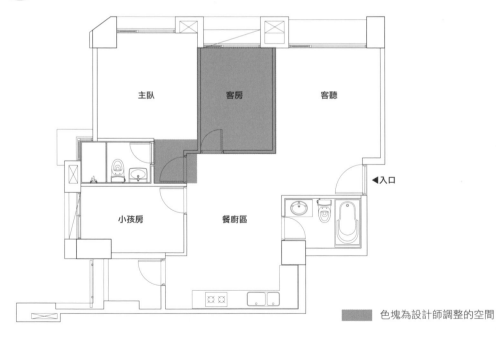

主臥

客房

客廳

◀入口

小孩房

餐廚區

 色塊為設計師調整的空間

作為屋主新婚後的居所，身為餐瓷名品設計師的男主人打從一開始，就提出家裡得有一個專屬書房，即使回到家也能專注安靜工作，同時，這對夫婦也有生育計畫，未來新成員的加入，得一併考量。

設計師針對空間需求，將原有的3房拆掉一間客房，消除了通往餐廚空間閒置過道，爭取坪效連帶也放大客廳，此外，由於書房工作區，足以左右整個廳區佈局，設計師提出了3款提案，屋主考量到在家工作亟需的寧靜度，最後選擇了「工作區退隱於沙發之後」開放又獨立的設計。

另外，針對主臥室入口直接面對浴室門，設計師直接將入口移到電視牆側，原主臥入口外推封牆，順勢成為完整的更衣室。

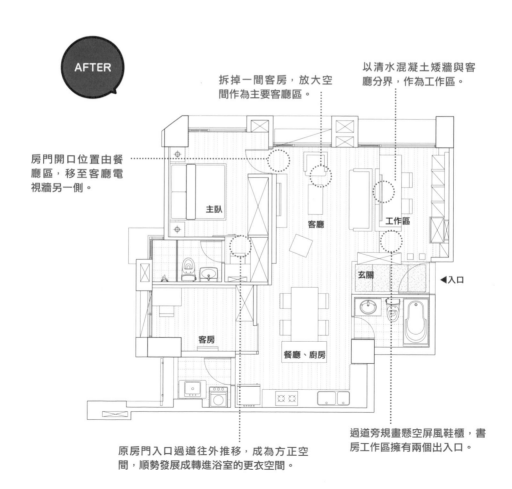

AFTER

拆掉一間客房，放大空間作為主要客廳區。

以清水混凝土矮牆與客廳分界，作為工作區。

房門開口位置由餐廳區，移至客廳電視牆另一側。

主臥

客廳

工作區

玄關

◀入口

客房

餐廳、廚房

原房門入口過道往外推移，成為方正空間，順勢發展成轉進浴室的更衣空間。

過道旁規畫懸空屏風鞋櫃，書房工作區擁有兩個出入口。

1 一進門即為客廳，沒有玄關機能。
2 從入口處轉進廚房，過道狹窄。

home data

屋　　型	大樓 / 新成屋
家庭成員	夫妻
坪　　數	28坪
格　　局	玄關、客廳、餐廳、廚房、主臥、客房、主衛、客浴、更衣室、書房兼工作區
建　　材	清水混凝土、H型鋼、石材、實木
得獎紀錄	2012年第四屆好宅配大金設計大獎 設計菁英組佳作

客廳

餐廚區

裝修後

玄關

工作區

長桌配置，決定單一動線？雙動線？

確認未來屋主的重點空間，並決定捨棄一房騰出更大公共空間之後，書房與客廳間的配置關係除了終極版，其實還有 AB 二種方案可思考，此二方案連帶影響到同一軸線的餐廚空間。

家的 A B 方案

雙動線，長桌是工作飲食區也是隔間

提案 A，是在捨一間小房後，將男主人所需的工作區規畫成書桌連結餐桌，與廚房擺在一軸線上，自然形成家的雙動線，讓移動更流暢，客廳區動線中心設置活動式電視架，讓影視娛樂跟著居家活動移動。

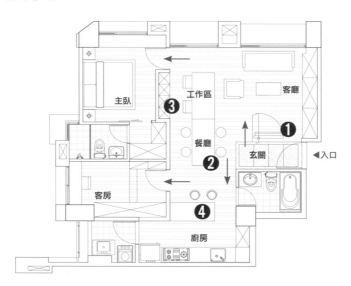

❶ **移動電視** 維持原客廳位置，利用樑下設計收納櫃牆，搭配移動式電視牆，讓書房、餐廳共享。

❷ **二合一長桌** 工作桌與餐桌接續，在非用餐的時段，書房工作區等同於擁有雙倍可使用檯面，擴大書房空間。

❸ **工作櫃** 將主臥室內縮一個櫃深，為書房工作區爭取一道展示櫃牆。

❹ **獨立廚房** 開放式廚房連結餐吧台。

伸展台式長桌，高台設計強化內空間

提案B，則將工作桌、餐桌結合高台概念，創造一個架高的私密內空間，電視牆也併入長桌結構，提供客廳視聽功能。動線部分，從玄關入口至廚房，須繞著長桌迂迴行轉，發展成一條髮夾彎動線，居室不大，卻擁有大坪數住宅才有的段落風景。

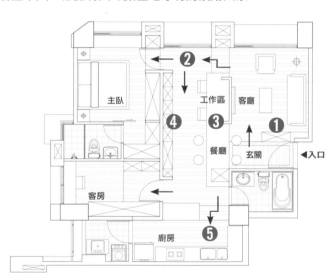

❶ **單動線客廳** 長桌設計自然在玄關形成邊界，也區分出獨立完整客廳，僅有一條動線，串起整個居家的空間使用。

❷ **工作區** 餐廳與工作區的30cm架高木地板，形成一個全然獨立的空間。

❸ **高台式長桌** 工作桌、餐桌串連成一道長檯面，有如一座伸展台。長桌結合電視牆功能，客廳沙發的座向也面朝書房、餐廳，有如欣賞舞台秀。

❹ **工作區背牆** 兩區的收納展示櫃也連結成一道連續櫃牆。

❺ **獨立廚房** 開放式廚房連結餐吧台，從工作區走來，高度下降30cm。

五口之家，
搶救家事動線與採光！

打掉一間房，
換來六人餐廳＋Ⅱ字型廚房

BEFORE

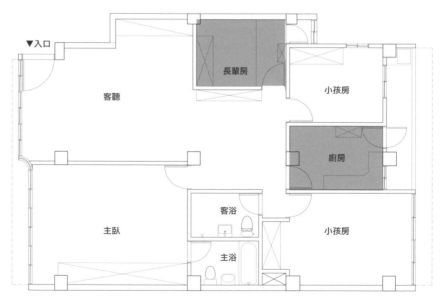

▼入口

客廳

長輩房

小孩房

廚房

客浴

主臥

主浴

小孩房

色塊為設計師調整的空間

此宅是三代同堂的五口之家，室內原為4房2廳雙衛，封閉式廚房臨後陽台，高齡逾80歲的老奶奶住的單人房，開窗小，光線不甚明亮。如何透過空間整合，讓四間臥房都能擁有更好的採光？針對一家五口同居的情況，在兩間浴室的使用上，潛藏著使用不均問題，如何讓三代同堂，在同一時間使用雙衛的人數最大化？

設計師首先第一個決定，就是先將卡在中間的長輩房打掉，釋放出完整空間，成為開放式Ⅱ字型廚房，同時納入用餐和吧台機能，也讓餐廚區域成為待客、家聚的核心場域。原廚房空間，因為鄰近陽台有好採光，則將長輩房遷移進去。原本考慮將主臥衛浴外移供全家使用，但屋主最後決定保有私人衛浴略為調整，不想大動格局是考量之一，一方面也能維持各自的生活習慣。

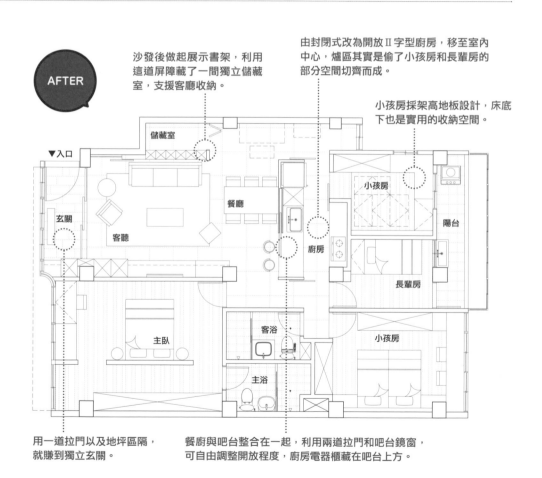

沙發後做起展示書架，利用這道屏障藏了一間獨立儲藏室，支援客廳收納。

由封閉式改為開放Ⅱ字型廚房，移至室內中心，爐區其實是偷了小孩房和長輩房的部分空間切齊而成。

小孩房採架高地板設計，床底下也是實用的收納空間。

AFTER

▼入口

儲藏室

玄關

客廳

餐廳

廚房

小孩房

陽台

長輩房

主臥

客浴

主浴

小孩房

用一道拉門以及地坪區隔，就賺到獨立玄關。

餐廚與吧台整合在一起，利用兩道拉門和吧台鏡窗，可自由調整開放程度，廚房電器櫃藏在吧台上方。

1 客廳堆置了不同世代的生活方式，畸零地
　帶設置電視櫃。
2 廚房為封閉空間，大樑橫穿而過。

home data

屋　　型	大樓／新成屋
家庭成員	夫妻、長輩、二小孩
坪　　數	38.23坪
格　　局	玄關、客廳、餐廳、廚房、主臥、2孩房、長輩房、主衛、客浴、儲藏室
建　　材	木地板、玻璃、鐵件、鏡、木作、美耐板、礦物漆、拋光石英磚

客廳＋玄關

餐廳

裝修後

廚房

長輩房

挑戰同一時段使用雙衛的人數

針對大家庭，時常面臨同一時段、多人需要使用衛浴的情況。因此，設計師針對一家五口的生活，在規畫初期朝向同一時段供最多人使用的方向發想，將主臥的衛浴拉出來，並做出了AB兩款方案，提供給專屬於大家庭的不同選擇。

獨立雙洗手檯，可4人同時使用

提案A不只將主臥浴室外移，同時也將兩間浴室的洗手檯獨立出來，成為雙面盆盥洗區，當家人使用浴廁時，洗手檯還能讓其他人使用。原主臥則規畫雙動線，方便進出位於外部衛浴。

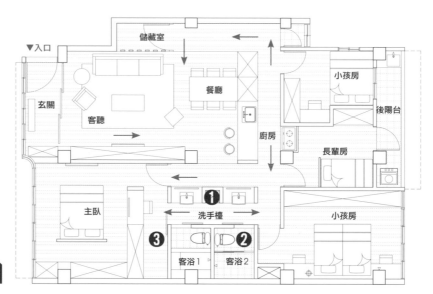

❶ **盥洗區外移** 將兩個浴室的洗手檯獨立於浴室外，可供4人同時使用：2人盥洗、1人如廁、1人沐浴，

❷ **雙拼客浴** 兩間衛浴都規畫在公共區，提供淋浴泡澡、如廁機能。

❸ **主臥雙動線** 主臥除了入口，也可直接進出外浴間。規畫L型櫃牆、開放式更衣區，將梳妝檯獨立設置於主臥入口，如此一來，更衣、梳妝、浴室的進出動線便可相連貫。

雙洗手檯＋雙衛＋單一浴間，可5人同時使用

提案B除了將洗手檯外移，更進一步將兩間浴室整併，並以拉門區隔出澡間、雙馬桶共3個獨立空間，讓同時段使用人數增至5人，效率激增！此外，主臥裡則再設計一間獨立更衣室，也能收納全家的衣物用品。

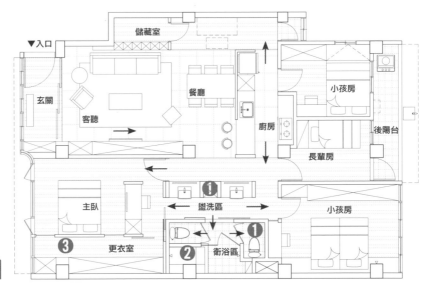

▼入口

儲藏室

玄關

客廳

餐廳

廚房

小孩房

後陽台

長輩房

主臥

❶ 盥洗區

更衣室

❸

❶ 衛浴區

❷

小孩房

Plan B

❶ **雙馬桶、洗手檯獨立** 除了將洗手檯獨立於浴室外，馬桶也和浴室分離，可供2人同時盥洗、2人使用馬桶。

❷ **獨立澡間** 將泡澡淋浴區獨立，1人沐浴時也不會佔用廁所。

❸ **獨立更衣室** 調整主臥室配置，擁有獨立式更衣間，也收納全家人的衣物用品，適合三代同堂的家庭使用。

預留未來的年輕夫婦，訂製小孩房、書房、客浴

墊高地板＋填塞凹角，微整形就有好氣色

BEFORE

次臥

書客房

客廳

廚房

主臥

客浴

玄關

▲入口

色塊為設計師調整的空間

此屋為標準3房2廳，屋主夫妻有生育計畫，須預留一間小孩房和書房，原室內僅有一間浴室，希望能再增加一間主浴。因此決定打開書房，以玻璃屋型式與廳區連結，原封閉式廚房對外部開放，以餐吧台來串連客廳、廚房。再來調整玄關空間，爭取到客浴的設置。如此一來，各區都擁有獨立性。

此外，將書桌移開或升降於架高的地板之下，就能多出一個平台或地坪，作為客房使用。吧台式的餐廚空間，營造出彷彿日式居酒屋情境。而主臥擁有大套間設計，次臥又能作為預備小孩房。

另一個需要克服的，是室內有許多角柱所形成的畸零空間，產生多處尖銳視覺，加上每個外推窗都有過高問題，相對壓縮視角，因此採取「架高」、「填塞」手法，利用架高的平台、轉角空間設置櫥櫃等，逐層地減去尖角比例，進一步隱藏修飾。

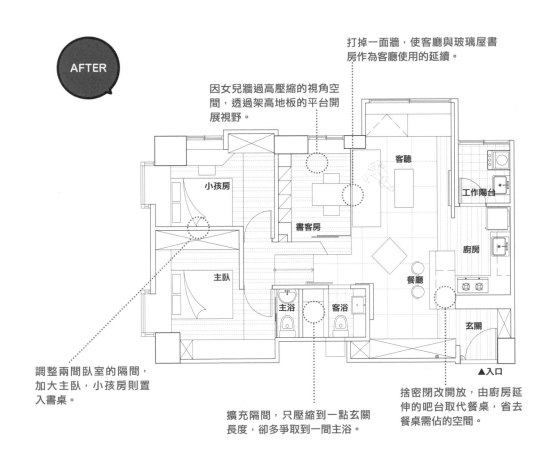

AFTER

打掉一面牆，使客廳與玻璃屋書房作為客廳使用的延續。

因女兒牆過高壓縮的視角空間，透過架高地板的平台開展視野。

小孩房

書客房

客廳

工作陽台

廚房

主臥

主浴

客浴

餐廳

玄關

▲入口

調整兩間臥室的隔間，加大主臥，小孩房則置入書桌。

擴充隔間，只壓縮到一點玄關長度，卻多爭取到一間主浴。

捨密閉改開放，由廚房延伸的吧台取代餐桌，省去餐桌需佔的空間。

装修前

1 客廳鄰近房間狹小，預計作為書客房。
2 廚房小而封閉，鄰近大門入口。

home data

屋　　型	大樓／老屋
家庭成員	夫妻
坪　　數	24坪
格　　局	玄關、客廳、餐廳、廚房、主臥、次臥、書客房、主浴、客衛
建　　材	超耐磨木地板、玻璃、清水磚牆、拋光石英磚、軌道燈、木皮

装修後

客廳

廚房

客餐廳

書客房

架高地板延伸，做電視櫃？做沙發座！

AB版提案的主要差異在於書客房地板設計與客廳之間的連動。利用書客房架高延伸的地板，一案作為沙發基座，一案則為電視櫃，同樣都能避免擠壓到客廳空間。

書房木地板延伸成沙發底座，省靠背厚度

A版提案是將架高地板延伸成沙發底座，兩階的高度不論是對客廳或走道來説，都是隨停隨坐的好用椅座。此外餐桌與開放式廚房結合，同時提供雙側使用。

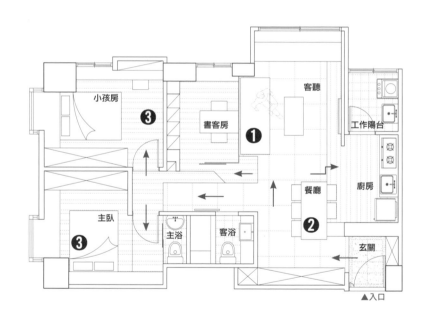

❶ **地板成為基座** 書客房的架高地板向客廳展延，成為沙發基座。
❷ **餐廚共用餐桌** 以餐桌作為廚房、客廳的中介，大餐桌可提供一家三口用餐與陪伴同時也可做為廚房工作桌。
❸ **臥室等比大** 主、次臥維持一樣大，預計作為小孩房的次臥，配置衣櫥，以及一道長桌。

書房木地板延展成電視櫃，省掉多做櫃體

B版提案裡，則是將書客房的架高地板擴充，成為客廳的電視櫃，書客房的長書桌也是電視牆，當人們坐在沙發時，視線穿越電視牆、書房玻璃牆，至書房內的櫃牆，空間景深一層層地展延，每一段的風景都不同。

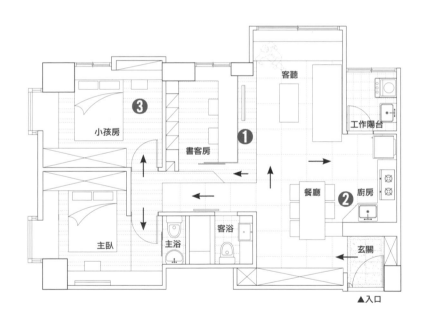

❶ **地板成為電視櫃** 調換沙發與電視位置，書客房的木地板向外延伸，成為電視牆的座櫃。
❷ **L型廚具連結餐桌** 爐具居中設置，水槽鄰近餐桌加大廚房的使用。
❸ **次臥床頭櫃連結書桌** 調整次臥的床頭方向，與床頭櫃連結。

是私人招待所，
也是父母老後預備宅

一道隔柵為界，巧妙劃開公私領域

BEFORE

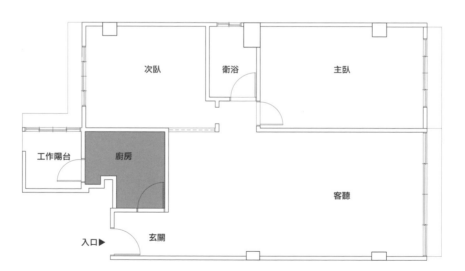

次臥　　衛浴　　　主臥

工作陽台　廚房

客廳

入口▶　玄關

■■■ 色塊為設計師調整的空間

對於這間曾經居住多年的老房子，事業有成的屋主希望將老屋改為招待所用途，提供親友來訪時暫宿或聚會使用，甚至若需要就近照顧高齡長輩時，老屋翻新後便能派上用場。房子擁有良好的採光、視野，室內20餘坪，雙廳雙房格局，如何兼容招待所與住宅空間的使用呢？

以招待所空間作為設計發想，整體空間設計，在公私領域的區隔不那麼明顯，藉由餐吧台一旁的鐵件格柵、隔間牆，將臥寢、會客空間劃分開來。書房機能融入餐廳空間，並利用餐吧台來整合餐廚兩區，形成以「餐聚」為中心的生活方式，餐吧台圓滿在家宴客的需求，支援廚房備餐使用，也可以是全家人共同閱讀的書桌。

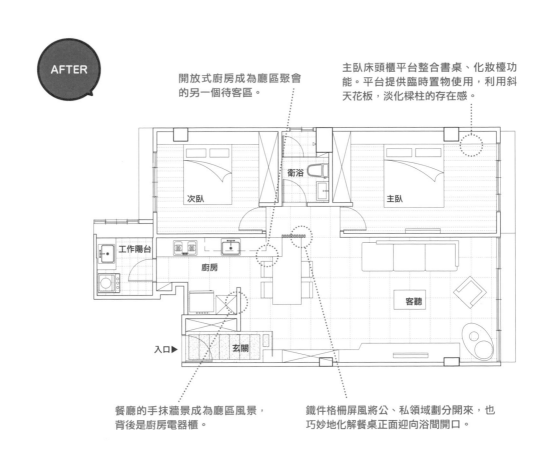

AFTER

開放式廚房成為廳區聚會的另一個待客區。

主臥床頭櫃平台整合書桌、化妝櫃功能。平台提供臨時置物使用，利用斜天花板，淡化樑柱的存在感。

衛浴

次臥

工作陽台

廚房

主臥

客廳

入口▶

玄關

餐廳的手抹牆景成為廳區風景，背後是廚房電器櫃。

鐵件格柵屏風將公、私領域劃分開來，也巧妙地化解餐桌正面迎向浴間開口。

1 原廚房獨立一區，後方為洗衣工作間。
2 一進門就是公共空間，餐桌設置於大門旁。

home data

屋　　型	大樓 / 老屋
家庭成員	夫妻
坪　　數	24坪
格　　局	玄關、客廳、餐廳、廚房、主臥、次臥、衛浴
建　　材	鐵件、拋光石英磚、實木地板、玻璃、木皮、砂漿樹脂

餐廳

客廳

餐廚

強化「餐聚」，斜角廚房好？曲線廚房好？

雖然屋主考量到日後可能回歸住宅用途，選擇較少戲劇張力的格局安排，然而在 AB 提案中，設計師回應空間的私人招待所用途時，餐廚區雖然形式不同，在思考格局時，特別強化以「餐聚」為中心的待客設計，都是以開放廚房為基準，刻意擺脫規矩性，以幾何和流線讓招待所空間更添渡假遊樂氛圍。

廚房流理檯導引斜向動線

A 提案採斜角動線策略，將流理檯自廚房斜向延伸出去，配合轉角量體的安排、次臥兼書房地板的延伸，讓書房與客廳接軌，隱喻地體現書房的公共性。

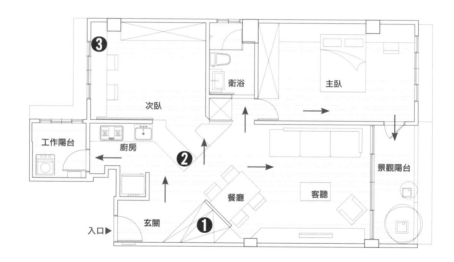

❶ **斜式屏風鞋櫃** 入口處以斜式鞋櫃取代玄關隔屏，自然而然地導引視覺轉向前行。迴避大門入口正對著客廳的突兀感。

❷ **斜角流理台** 將流理檯自廚房斜向延伸出去，一來與架高平台形成吧台區，加長檯面同時也可作為廚下整合電器櫃。

❸ **次臥＋書客房** 斜向入口設計，再次將玄關、餐廚、次臥書房整合出聚會功能。

曲線廚房連結電視櫃，公私空間一分為二

B 提案則是以廚房流理檯連結走道入口、次臥書桌、電視櫃，在空間裡拉出一道彎曲的帶狀中介，隱性地劃分公、私領域。全室採用同一材質來鋪陳，產生美妙的流動韻律。

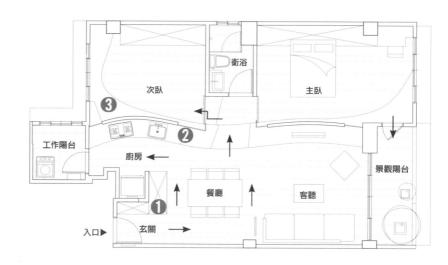

Plan B

- **❶ 玄關＋廚房櫃體整合** 玄關鞋櫃、餐櫃、廚房冰箱收納整合成一個收納區塊。
- **❷ 曲線劃分空間** 廚房檯面的流動性，與客廳電視櫃視覺上成為一條曲線，將公、私領域切割開來。
- **❸ 流線型書客房** 次臥也兼書房使用，廚房流理檯整合書桌呈帶狀律動。

拯救新婚小宅的
多邊型、三角習題

廚衛互換，雙動線衛浴翻轉畸零空間

BEFORE

工作陽台

主臥

衛浴

廚房

次臥

客廳

次臥

入口▶

███ 色塊為設計師調整的空間

原3房2廳1衛的格局，對新婚的屋主夫妻來說，看似生活機能齊全，實際上卻是各個空間狹小。而且因特殊的空間結構，室內邊陲區域衍生出畸零角落作為廚房，客餐廳無明顯區隔，且無玄關設置，空間難以利用。

　　重新調整格局，將原本位於角落的三角狀廚房外移，成為生活核心，騰出來的空間則規畫為浴室，結合雙開口動線，提高單一浴間的使用效率，而玻璃屋浴室引導視線穿透，小浴室也能擁有通透感。

　　房間數量則以適合小家庭使用的兩房為基礎，合併兩間小房為主臥室，書客房整合琴室，未來新增成員，也能夠轉化為小孩房，以架高一階的地板向走道、廳區延伸，既有效區隔空間，也解決了因浴室移位後衍生的管線、洩水坡度等問題，圓滿新婚生活各個面向。

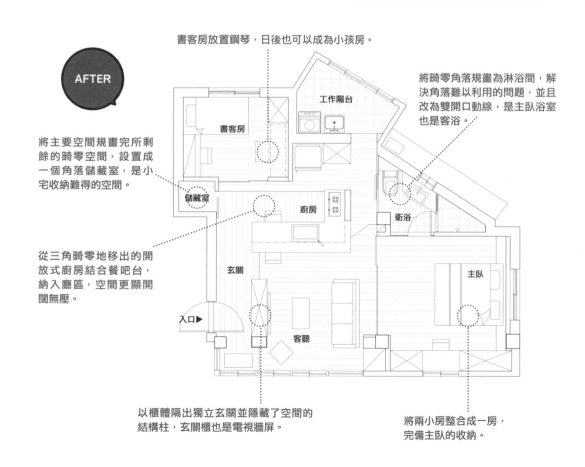

書客房放置鋼琴，日後也可以成為小孩房。

將畸零角落規畫為淋浴間，解決角落難以利用的問題，並且改為雙開口動線，是主臥浴室也是客浴。

將主要空間規畫完所剩餘的畸零空間，設置成一個角落儲藏室，是小宅收納難得的空間。

從三角畸零地移出的開放式廚房結合餐吧台，納入廳區，空間更顯開闊無壓。

以櫃體隔出獨立玄關並隱藏了空間的結構柱，玄關櫃也是電視牆屏。

將兩小房整合成一房，完備主臥的收納。

AFTER

書客房　工作陽台　儲藏室　廚房　衛浴　玄關　主臥　入口▶　客聽

1

2

1 客廳因柱子而形成凹洞，造成主空間零碎。
2 因特殊的建築結構，在室內形成三角廚房，
　難以使用。

客廳

home data

屋　　型	大樓／老屋	
家庭成員	夫妻	
坪　　數	22坪	
格　　局	玄關、客廳、餐吧台、廚房、主臥、書客房、浴室、儲藏室	
建　　材	梧桐木、油漆、水泥、玻璃、木地板	

玄關

裝修後

廚房

廚房＋衛浴

衛浴

三角畸零地，挑戰如何規畫雙衛浴

格局重整，最先定案的是浴室與廚房互調、玄關櫃屏兼電視牆屏，但在主臥室和公共區，如何達成雙衛使用，成了 A、B 版提案的討論重點。

主衛設浴間，客衛獨立

A版提案，讓兩間廁所獨立使用，客衛為半套配置，沒有淋浴間，但將洗手台設置在走道上，方便洗手。此版另一個不同的是主臥，設置陽台，改以景觀綠意布置，徹底阻隔外牆滲漏的因子。

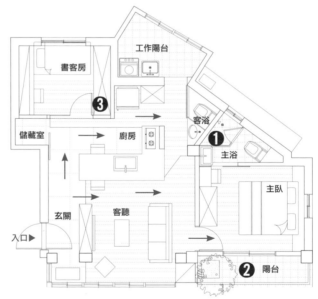

❶ **主客衛各自獨立** 三角畸零地帶規畫成獨立的兩間浴室，客浴為半套配置。

❷ **主臥有納入陽台綠意** 增加主臥的採光與通風，為生活憑添甦活綠意，也預防日後老屋外牆滲漏波及室內。

❸ **完備書客房功能** 書客房強調收納櫃，為日後變更為孩房預作準備。

主衛客衛，共用淋浴間

雙衛設計進一步發展淋浴間共用，兩間浴室都擁有完整的全套衛浴配置。另外不同於 A 版的主臥內縮，在 B 版提案內容裡反而是著眼於增加主臥的收納容量，回應屋主希望主臥室有較多的可利用空間。

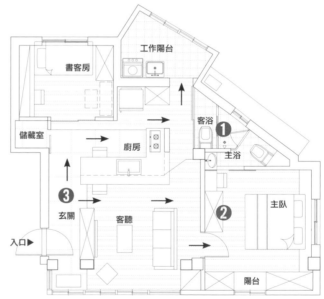

❶ **共用淋浴間** 以共用的方式來滿足主客的雙衛浴需求。

❷ **增加主臥機能** 不同於最終定案，AB 版主臥都增加櫥櫃與化妝桌。

❸ **以地坪材質隔間** AB 版本以地磚舖設玄關到廚房，與室內木地板區隔強化分區。

夫妻作息不同，
睡眠品質提升大挑戰

分床不分房大套間設計，
以閱讀區隔出最好的距離

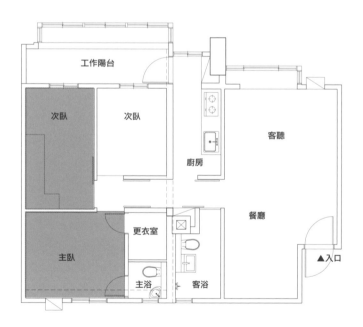

BEFORE

工作陽台

次臥　　次臥

廚房

客廳

餐廳

更衣室

主臥

主浴　　客浴

▲入口

色塊為設計師調整的空間

這個家因為屋主夫妻喜歡閱讀，因此家中藏書逾三千本，因此第一個問題就是：「這些書該如何融入生活領域裡？」同時，屋主夫妻兩人作息不同，主臥室的規畫須分床設置，此外，還得預留大容量收納的儲物間，以方便整理家事用品、換季物品等，又是另一個挑戰！

　　考量實際使用空間的人僅有屋主夫妻，少了公私領域界線分明的忌諱，決定將原本一大兩小的臥房整合成開闊的大套房空間，以對稱的手法，公平地將主臥分隔為相對應的左右兩翼格局，同時納入更衣室、儲藏室及半套衛浴。

　　串聯室內各區的走道化身為閱讀書廊，不僅是三千本藏書的迷你圖書館，還能整合浴廁開口、儲藏室、管道間維修口等空間元素。另一方面，隱喻地利用書廊的存在，把廳區的公共性一路延伸到主臥空間的書房區，經營開卷生活空間。

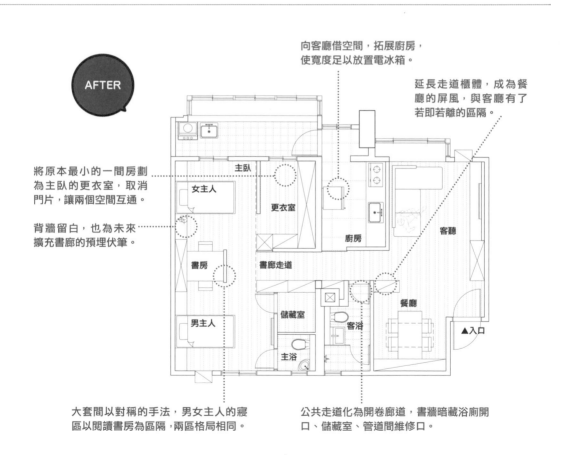

AFTER

向客廳借空間，拓展廚房，使寬度足以放置電冰箱。

延長走道櫃體，成為餐廳的屏風，與客廳有了若即若離的區隔。

將原本最小的一間房劃為主臥的更衣室，取消門片，讓兩個空間互通。

背牆留白，也為未來擴充書廊的預埋伏筆。

主臥
女主人
更衣室
廚房
客廳
書房
書廊走道
男主人
儲藏室
客浴
餐廳
主浴
▲入口

大套間以對稱的手法，男女主人的寢區以閱讀書房為區隔，兩區格局相同。

公共走道化為開卷廊道，書牆暗藏浴廁開口、儲藏室、管道間維修口。

1 餐廳位於玄關旁的內凹區塊。
2 原三房配置裡最小的一房。

客廳

走道書廊 + 餐廳

home data

屋　　型	大樓 / 老屋
家庭成員	夫妻
坪　　數	27坪
格　　局	玄關、客廳、餐廳、廚房、主臥、更衣室、主衛、客浴、儲藏室、書廊
建　　材	木作、玻璃、木地板、水泥

裝修後

主臥

閱讀區

分床不分房，寢室設計怎麼做？

夫妻伴侶作息不同，分床漸漸成為共識。此案的屋主考慮分床但不分房，因此發展出不同的規畫。既要降低不分房的干擾，也要結合兩人喜愛閱讀的習慣及藏書量需求，如何達成就成為討論重點。

大套間主臥，寢區、書房既獨立又連結

A版提案的著眼點是，主臥室分成寢區、書房，讓寢區回歸於寧靜，不受外部干擾。書房兼具起居區、客房使用，以開放式閱讀空間的面貌呈現，雙書桌之一採移動式檯面，且預留小沙發，滑開書桌，書房立即變身為客房。

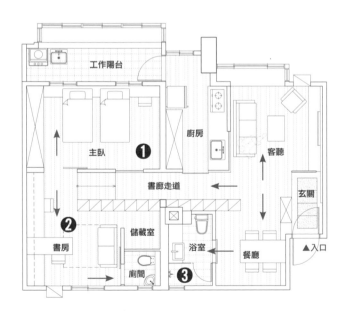

❶ **主臥** 改為雙床配置的主臥寢區，與書房隔著拉門，整體空間仍不脫離「大套間」型式，但更有隱私。

❷ **書房** 書房兼起居室使用，採開放式閱讀區設計，雙書桌之一採滑動式設計，更方便轉換書房和起居室或客房的用途。

❸ **浴室** 入口改由餐廳進出，走道書廊更為完整。

兩間主題寢區，書房銜接書廊

B版提案內容，則是將主臥空間均分為相對應的兩區，以發呆亭式書房串聯。另外，改變浴室的入口位置，開口面對廳區，而非走道。因為兩區各自獨立，男女主人的作息不受另一半干擾，而這個提案成為最終定案的前身與基礎。

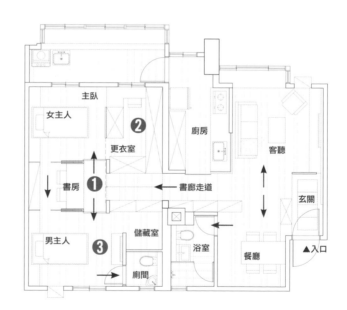

① **發呆亭閱讀區** 主臥書房區以發呆亭概念呈現，並排的座位，讓閱讀樂趣多了一份渡假氛圍。

② **ㄇ型更衣室** 以一小房變更為女主人寢間的更衣室，ㄇ字型櫥櫃便利收納，另外加入梳妝台。

③ **休閒影視區** 男主人寢區包含影視休閒設計，連結儲藏室。

人與老狗共同生活，
要陽光也要收納的旺宅！

把陽台變出來，
畸零區變身收納UP實惠倉儲

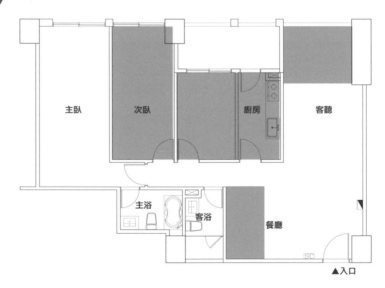

BEFORE

主臥　次臥　廚房　客廳

主浴　客浴　餐廳

[SC]

▲入口

色塊為設計師調整的空間

由於男主人因商務常往來海峽兩岸，實際使用空間是另一半與陪伴多年的老狗。居住成員簡單，房數需求兩房，如何讓家人與老狗都住得舒服？

以一房換取擴大廚房空間，讓簡便的一字型廚設升級為整合吧台的開放式ㄇ型廚房，廚房與客、餐廳能即時互動。室內的畸零區塊更轉化為好用的儲藏區，如利用廚房入口的斜角動線，在畸零角落夾出一座迷你倉儲；捨棄鞋櫃、儲物間分區設置，改以玄關衣帽間替代。保留兩房配置，並微調兩房比例，換取增闢主臥更衣區的機會，同時主臥入口過道狹長的問題也獲得解決。

考量到老狗活動，地材特別選擇無縫式耐刮磐多磨，搭配清水模、砂漿樹脂為主牆，客廳隔出陽台，鋪設木平台、綠草地，是老狗的窩，也呼應廚房裡那抹青色牆景。

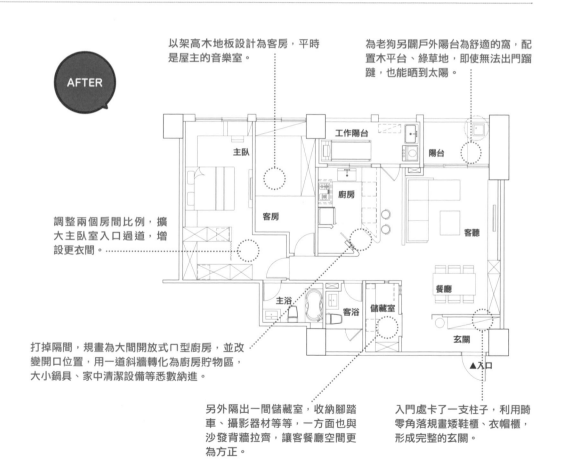

以架高木地板設計為客房，平時是屋主的音樂室。

為老狗另闢戶外陽台為舒適的窩，配置木平台、綠草地，即使無法出門蹓躂，也能晒到太陽。

AFTER

主臥　工作陽台　陽台　廚房　客廳　客房　餐廳　主浴　客浴　儲藏室　玄關　▲入口

調整兩個房間比例，擴大主臥室入口過道，增設更衣間。

打掉隔間，規畫為大間開放式ㄇ型廚房，並改變開口位置，用一道斜牆轉化為廚房貯物區，大小鍋具、家中清潔設備等悉數納進。

另外隔出一間儲藏室，收納腳踏車、攝影器材等等，一方面也與沙發背牆拉齊，讓客餐廳空間更為方正。

入門處卡了一支柱子，利用畸零角落規畫矮鞋櫃、衣帽櫃，形成完整的玄關。

1 封閉式廚房配置一字廚具,收納空間不足。
2 客廳與餐廳區為 L 型空間,無玄關設置。

home data

屋　　型　大樓／新成屋
家庭成員　夫妻、老狗
坪　　數　35坪
格　　局　玄關、客廳、餐廳、廚房、主臥、更衣室、客房、主衛、客浴、玄關衣帽間、儲藏室
建　　材　磐多磨、清水模、砂漿樹脂、木作、木地板、玻璃磚、玻璃

客廳

廚房

餐廳

一個玄關，兩種動線與櫃配置！

家的AB方案

A、B版的客廳循環動線、廚房改造、主臥室的收納規畫、書房兼客房的使用都一致，差別在於玄關空間的收納機能與餐廳互相連動的配置，是A、B版平面規畫的討論核心。

L型長玄關，製造迂迴動線

A版提案裡，以隔屏設計切出一條長條迂迴過道，避免一進門便望見客餐廳的所有活動。另以盡頭長櫃為玄關櫃。

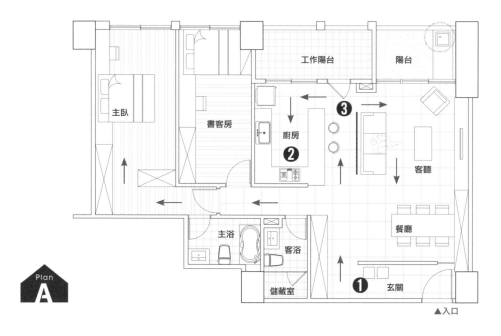

❶ **迂迴玄關** 玄關隔屏劃出一條迂迴動線，隔屏局部透光，讓家人能隨時掌握大門處動靜。

❷ **廚房U型動線** A、B版廚房相同。與最終版開放式ㄇ型廚房不同的是，採U型動線設計，可以將工作陽台的家事動線一起考慮進來。

❸ **循環動線** A、B版本的廚房與客廳一樣以不靠牆的屏風格柵為界，形成循環動線，方便直接從客廳進出廚房、工作陽台，也是沙發背牆。

T型短玄關，鞋櫃衣帽櫃分區

B版提案更進一步將玄關裁成兩區，鞋櫃獨立於玄關端，另一端則是儲物間，避免玄關過道狹長，同時玄關隔屏也是餐廳主牆。

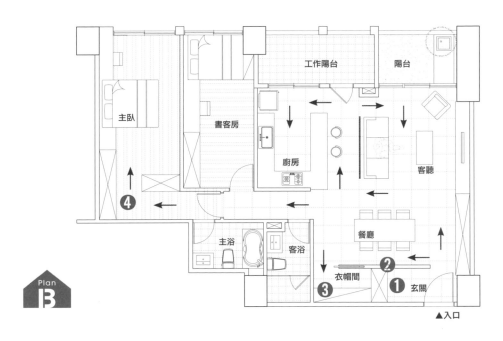

Plan B

▲入口

❶ **短玄關** 不靠牆隔屏使入口處沒有封閉感，可直接進入空間，
❷ **兩用屏風** 玄關屏風不僅區隔玄關裡外，也是餐廳的主牆。
❸ **衣帽間** 鞋櫃將玄關一分為二，後方爭取衣帽間的設置。
❹ **主臥櫃動線** 與定案設置更衣間不同，A、B版本的主臥都是以收納櫃引導動線。

房間很多卻很分散，
想找回家人的凝聚感！

捨棄兩小房＋公私區大搬風，
不讓每個空間都卡卡

BEFORE

次臥

書房

客浴

更衣室

主浴

工作陽台

次臥

餐廳

主臥

廚房

玄關

▲入口

客廳

色塊為設計師調整的空間

一間主臥套間、三間小房的格局，充裕的房數對於屋主所需的書房、儲藏室需求，及一家四口使用，乍看下是綽綽有餘。然而，房間分散於室內轉角地帶，空間裡許多稜稜角角，感覺很有壓迫感，此外，餐廳與客廳、廚房的距離遠，不利於家人情感分享。本案設計發展出「維持現狀」、「微調格局」、「重塑格局」等三種不同程度的平面討論。

最終，屋主選擇格局重塑的提案。保留小家庭使用的兩房配置，將寢區與廳區各自集中，原客浴納入新的主臥場域，原主浴則改為客浴用途。書房從房子前面往屋後移，化解客餐廳關係疏遠的問題，廳區也成為全室動線樞紐，玄關櫃擴充為衣帽間，如此一來，從玄關進入室內，望見的便是開闊而完整的長型廳區。

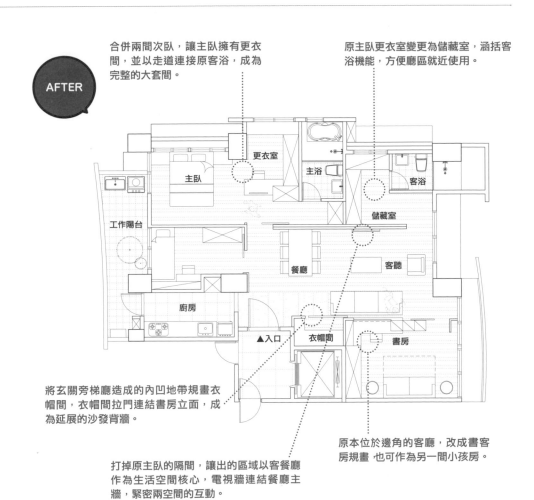

合併兩間次臥，讓主臥擁有更衣間，並以走道連接原客浴，成為完整的大套間。

原主臥更衣室變更為儲藏室，涵括客浴機能，方便廳區就近使用。

AFTER

更衣室
主臥
主浴
客浴
工作陽台
儲藏室
餐廳
客廳
廚房
▲入口
衣帽間
書房

將玄關旁梯廳造成的內凹地帶規畫衣帽間，衣帽間拉門連結書房立面，成為延展的沙發背牆。

打掉原主臥的隔間，讓出的區域以客餐廳作為生活空間核心，電視牆連結餐廳主牆，緊密兩空間的互動。

原本位於邊角的客廳，改成書客房規畫 也可作為另一間小孩房。

1

2

客廳＋餐廳

主臥

1 次臥1，調整格局時拆除與鄰房的牆，增設更衣空間。
2 餐廳位於室內中心點，與客廳的關係疏離。

home data

屋　　型	大樓／新成屋
家庭成員	夫妻、1小孩
坪　　數	33.14坪
格　　局	玄關、客廳、餐廳、廚房、主臥、小孩房、主衛、客浴、書客房、更衣間、儲藏室、鞋櫃／儲物間
建　　材	木作、超耐磨木地板、鐵件、清水模塗料、石材、玻璃

裝修後

玄關＋客廳

客廳

格局不變vs.格局微調，設計各有巧妙！

雖然最終定案是大改格局，但一開始，屋主其實是希望盡量減少大調整，在這個前提下，A提案幾乎不動格局，B提案則是微調隔間。隔間牽涉到整體的格局規畫，生活受控於格局，不動有不動的作法，微調有微調的好處。

維持原格局，四房很夠用

A版提案是以維持原格局作為設計發想，將緊鄰客浴的小臥房改為和室，兼具書房、客房，是最精省的裝修方式。

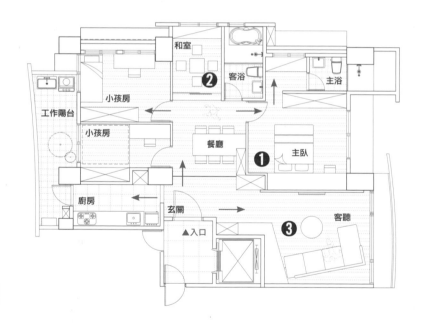

❶ **拓展主臥** 主臥室向客廳擴增，免於新增收納櫃牆後，降低應有的舒適度。主臥裡的畸零空間則調整為更衣貯物間。

❷ **和室書客房** 客浴旁的小房改為和室書房，兼客房使用。

❸ **斜角動線** 客廳的斜角動線安排，包括沙發、平台座櫃等，無形中將視覺導引至室內中心點的餐廳，從此客廳有了連結。

微調兩道牆，換到大主臥和書房

B版提案，先將原主臥改成書房，再打掉兩面牆，其一是餐廳與原主臥間的牆，餐桌與書桌連結滿足宴客人數較多時的需求，同時也拓展書房的空間；其二則是與定案一樣，合併兩間小房為主臥大套間。

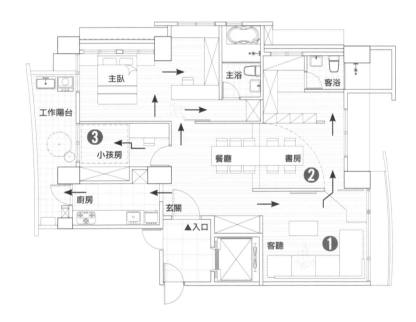

❶ **集中公共區域** 主臥室從空間右翼挪移至左翼，騰出了寬闊的廳區腹地，將客廳、餐廳、書房集中在同一區塊。

❷ **彈性書房** 原主臥室空間改為書房、儲藏室，書房採架高地板40公分，書桌既可與餐桌連結，也可平放化為地板元件，讓書房適時地充作客房使用。

❸ **小孩房架高** 孩房採架高地板式通舖，方便家長陪孩子們睡覺、遊戲玩耍。

很任性！不想動格局，
卻要超強收納＋書房

書房箱型設計、
收納整合牆，從玄關起跑至陽台！

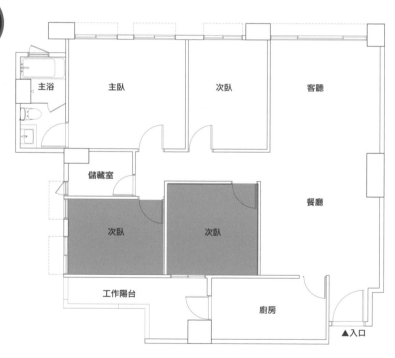

BEFORE

主浴

主臥

次臥

客廳

儲藏室

次臥

次臥

餐廳

工作陽台

廚房

▲入口

■ 色塊為設計師調整的空間

這是一場關於「取捨」的拉距戰。隨屋贈送全新廚具，是否沿用？想要滿足一家四口的櫃體收納，如何達成？爸爸提出想要一間寧靜的書房，但也希望與其他空間互動？

在原本格局不打算變更的前提下，首先檢視了房子的各方條件，首先找出最大干擾，就是由四個房間所夾出，陰暗且具封閉感的狹長走道。由於屋型的緣故，考量到走道勢必存在於空間，既然避無可避，乾脆就將走道拓寬，乍看下似乎是犧牲了與走道相鄰的臥房空間，實質上卻得到意想不到的結果。往來廳區、寢區時，行經走道時的視野開闊、心情是毫無壓迫的；架高兩階的通透書房得以分享走道視野，書房外的平台，則緩衝進入寢室時轉角的壓迫感。

至於收納力，用一道電視牆從客廳、餐廳，延伸至玄關，櫃牆內部整合電視櫃、結構柱、餐邊櫃、魚缸及鞋櫃，成為化零為整的電視展示收納主牆。

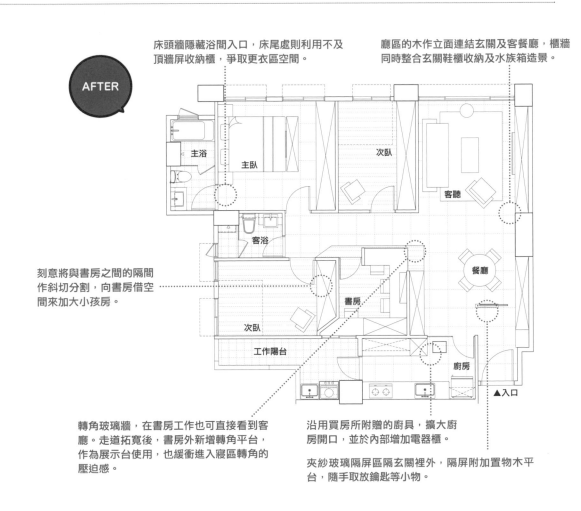

床頭牆隱藏浴間入口，床尾處則利用不及頂牆屏收納櫃，爭取更衣區空間。

廳區的木作立面連結玄關及客餐廳，櫃牆同時整合玄關鞋櫃收納及水族箱造景。

刻意將與書房之間的隔間作斜切分割，向書房借空間來加大小孩房。

轉角玻璃牆，在書房工作也可直接看到客廳。走道拓寬後，書房外新增轉角平台，作為展示台使用，也緩衝進入寢區轉角的壓迫感。

沿用買房所附贈的廚具，擴大廚房開口，並於內部增加電器櫃。

夾紗玻璃隔屏區隔玄關裡外，隔屏附加置物木平台，隨手取放鑰匙等小物。

1 公共空間景深長，客餐廳之間存在著厚實基柱。
2 玄關旁是封閉式廚房。

餐廳＋廚房

書房

home data

屋　　型	大樓／新成屋
家庭成員	夫妻、2小孩
坪　　數	34.2坪
格　　局	玄關、客廳、餐廳、廚房、主臥、2孩房、主衛、客浴、書房、更衣間
建　　材	柚木、栓木、橡木、拋光石英磚、鐵件、夾紗玻璃、玻璃、中空板、石材

客廳

餐廳

與客廳整併，半開放、全開放書房設計

A、B兩版的提案皆採書房與客廳連結，廚房也改為結合吧台的開放式，書房的開放性以及廚房的形式，在兩版提案各有不同的詮釋。

全開放書房，整合併入客廳區

A版提案建議採開放式書房設計，僅做了一房的隔間拆除，讓閱讀空間附屬於客廳，加大廳區，也讓閱讀深入家人共處的生活領域。廚房則是沿用附贈的廚具，另加設吧台機能。

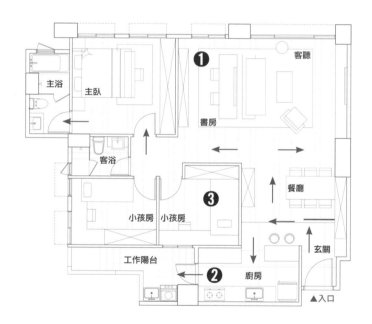

❶ **開放式書房** 拆除與客廳相鄰的隔間，改為開放式書房，納入公共空間裡，閱讀空間有助於提升廳區的開闊性。

❷ **沿用廚具增吧台** 沿用建商附贈的廚具，但增加吧台機能，且利用不同的地材區隔廚房與廳區。

❸ **小孩房增設書區** 與最終定案不同，小孩房內皆設有閱讀書桌。

半開放式書房，增設筒形走道儲物區

B版提案，書房改採半開放式設計，於相鄰走道、客廳的兩面採用簾子升降取代隔牆。書房入口處設計一道圓筒狀儲物區，提高居家收納量。此外，撤除附贈的廚具設備，將冰箱由餐廳內移至廚房，納入開放式ㄇ型廚房空間裡，整體更顯一致性。

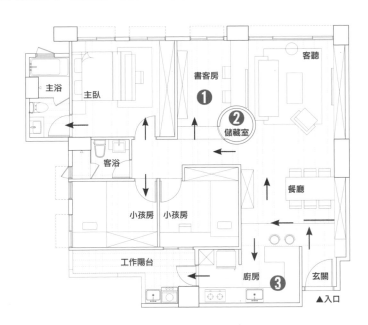

Plan B

❶ **半開放式書房** 將客廳相鄰的次臥作為書房，並採半開放式設計，另以簾子開闔作為與走道、客廳的區隔。

❷ **圓筒儲藏室** 書房入口設計一道圓筒狀儲物間，優雅的圓弧線條柔和了空間的方正感。

❸ **換新廚具**：原建商附贈的廚具設施全撤除，冰箱由餐廳移至廚房裡，開放式ㄇ型廚房設計更實用。

大人、小孩、貓家人，「三贏」共樂的空間

臥室重整＋走道書房結合貓跳台

BEFORE

主臥

小孩房

浴室

小孩房

客聽

▲入口

廚房

色塊為設計師調整的空間

屋主夫妻家裡有兩個正值青春期的國中生，住宅原格局因其中一孩房旁有浴間，導致兩個小孩房一大一小；此外，室內並無書房設置，以往只能將就使用主臥室梳妝檯，因此男主人希望除了兩個小孩房一樣大，也希望在公共空間裡，擁有書房或書桌的設置。

　　首先要做的便是撤除孩房旁的浴間，並遷移至主臥浴室旁，同時調整兩間浴室的內部動線，捨棄浴缸設置，改採扇型淋浴間設計。至於男主人提出的書房需求，決定將書房對外釋放出來，利用轉至廳區的轉折過道，設置走道書桌，結合貓跳台設計，創造大人、小孩、貓家人等「三贏」共樂的生活空間。此外，截取客廳的畸零角落規畫儲藏室，讓原本電視牆旁的凹間有所作為，提高生活收納的便捷度。

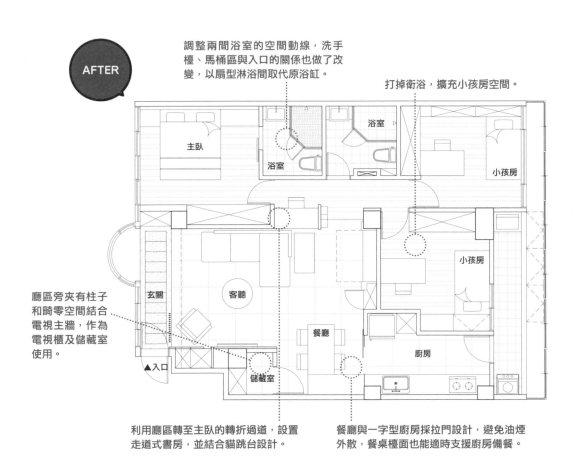

調整兩間浴室的空間動線，洗手檯、馬桶區與入口的關係也做了改變，以扇型淋浴間取代原浴缸。

打掉衛浴，擴充小孩房空間。

廳區旁夾有柱子和畸零空間結合電視主牆，作為電視櫃及儲藏室使用。

利用廳區轉至主臥的轉折過道，設置走道式書房，並結合貓跳台設計。

餐廳與一字型廚房採拉門設計，避免油煙外散，餐桌檯面也能適時支援廚房備餐。

1 電視牆旁的轉角凹間閒置。
2 使用多年的廚房佈滿油污，窄小且封閉。

廚房

過道書房＋貓跳台

home data

屋　　型	大樓／老屋
家庭成員	夫妻、2小孩、寵物貓
坪　　數	31坪
格　　局	玄關、客廳、餐廳、廚房、主臥、2小孩房、主衛、客浴、儲藏室、過道書區、神明廳
建　　材	木地板、石材、鐵件、玻璃、深刻栓木

裝修後

電視牆 + 餐廳

收納櫃 + 神龕

沙發換個位，餐桌、儲藏室跟著變！

和終極版不同的是，AB兩版提案主要是在臥房、客廳兩區的變化，包括主臥室的開口位置，是否把走道書房納入臥房？沙發座向是否面向玄關？此外，客廳的電視牆方位設計與選擇，同時也會牽動畸零角落的儲藏室規畫。

沙發與餐桌共區，適合家人緊密互動

提案Ａ，沙發的位置背對入口，搭配可加長彈性餐桌，框出包覆的客廳空間，增加全家聚在一起的凝聚力。採用開門式獨立廚房，餐廳區加設收納櫃與置物平台，增加輔助餐廚之間使用的功能。

❶ **延伸電視牆** 位於主臥內的書桌不僅滿足男主人的書房需求，也延長了電視牆尺度，拉長客廳視覺。

❷ **彈性餐桌** 四人變六人座的加長彈性餐桌，一家四口還能邀朋友同樂。

❸ **獨立廚房** 天天開伙為全家烹飪美食，避免油煙味飄散。

❹ **獨立儲藏室** 沙發背牆後方設置儲藏室連結背牆收納區，並延伸至餐廳區，形成客廳背牆連結，呼應客餐廳主牆的一致性。

❺ **書房入主臥** 將主臥入口再外移些，讓浴室和書桌、化妝檯成為房裡的一部分。

沙發與餐廳分區，適合家人共聚卻不互擾

提案B，沙發面向入口、家人進出一目了然的配置，與最終定案相同。這個提案以開放式空間思考，包括入口到客廳、餐廚空間、儲藏室。餐桌則採6人座，連結廚房流理檯的整合式設計。

❶ **開放式廚房** 一字型廚房採開放式空間規畫。

❷ **六人座餐桌** 大餐桌與廚房檯面連結，成為一氣呵成的餐廚空間。

❸ **開放式儲物空間** 利用畸零角落改造成開放式儲藏空間，釋出空間給餐廳。

起家厝櫃影重重，
老房子很想再年輕一次！

重組雙衛與主臥畸零角，採光收納雙贏

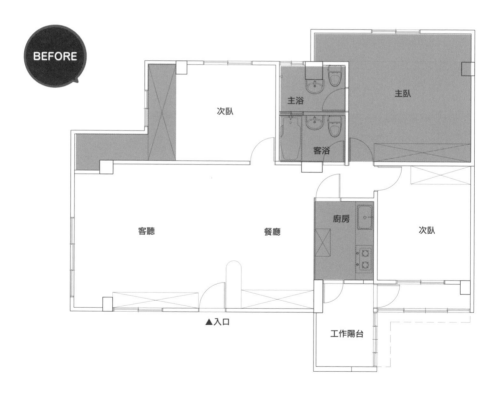

BEFORE

次臥

主浴

客浴

主臥

客廳

餐廳

廚房

次臥

▲入口

工作陽台

▇ 色塊為設計師調整的空間

預計作為女兒新婚房子是女主人從小生活成長的家，也就是所謂的「起家厝」。此屋的屋況老舊，格局封閉，但其實本質擁有很好的採光和視野，可惜受到大櫥櫃所遮蔽，雖然滿足生活收納，卻犧牲了光線。另外，屋主希望兩間浴室都能有對外窗，因此，採光和收納變成了此案主要的討論。

格局有較大幅改動的區域在兩間衛浴，重整兩間浴室和主臥的畸零凹處，重組成主浴、客浴及更衣間等單元，兩間浴室得以擁有對外窗，主臥也提升了收納機能。擷取一房為書房，考慮採光，以玻璃牆設計，與客廳都能共享光與景，以及家人互動。書房和客廳都有大面展示櫃，滿足藏書需求。

廚房由封閉式改為半開放，紅磚矮牆半遮掩廚房內部，形成一方窗口，隱化爐具區的存在，回應屋主不希望人在玄關即看到廚房檯面的需求。

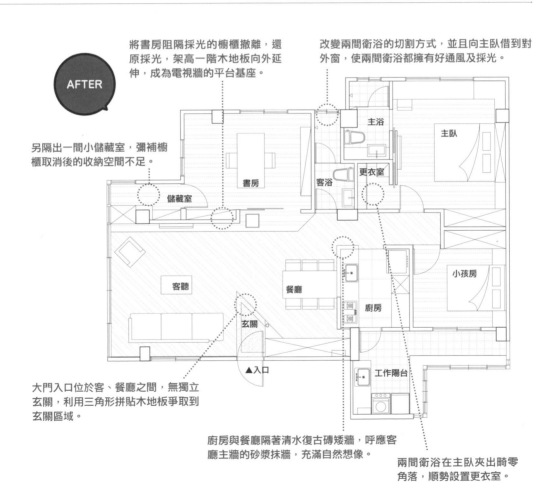

將書房阻隔採光的櫥櫃撤離，還原採光，架高一階木地板向外延伸，成為電視牆的平台基座。

改變兩間衛浴的切割方式，並且向主臥借到對外窗，使兩間衛浴都擁有好通風及採光。

AFTER

另隔出一間小儲藏室，彌補櫥櫃取消後的收納空間不足。

儲藏室

書房

主浴

主臥

客浴

更衣室

客廳

餐廳

廚房

小孩房

玄關

工作陽台

▲入口

大門入口位於客、餐廳之間，無獨立玄關，利用三角形拼貼木地板爭取到玄關區域。

廚房與餐廳隔著清水復古磚矮牆，呼應客廳主牆的砂漿抹牆，充滿自然想像。

兩間衛浴在主臥夾出畸零角落，順勢設置更衣室。

1 2

1 書客房擁有 L 面採光，其中一面完全被櫥櫃、雜物遮擋，還使一塊區域無法被利用。
2 主臥浴室旁產生畸零空間。

home data

屋　　型	大樓 / 老屋
家庭成員	夫妻
坪　　數	33坪
格　　局	玄關、客廳、餐廳、廚房、主臥、次臥、書客房、主浴、客浴、更衣室
建　　材	鐵件、清水磚牆、砂漿樹脂、實木地板、木皮

玄關

餐廳

客廳＋書房

廚房與主客浴室的功能性再調整

相對於最終方案，A、B兩案在書房、雙衛、主臥的設計思考上是相同的，但在細節呈現又各有差異。不同於最終方案注重兩間衛浴的對外窗，A、B兩版都以完備主臥機能為要點，將床頭區規畫為梳妝空間，差別在於用水區的不同，影響了主臥和廚房規畫。

開放式Ⅱ字型廚房＋主臥梳妝區也是盥洗區

提案A不延長臥室走道，以便將原定案版的更衣室空間讓給客浴，主臥浴室則調整配置，並將洗手檯獨立出來，和床頭後方的一字型梳妝桌整併。廚房改採開放式Ⅱ字型廚房。

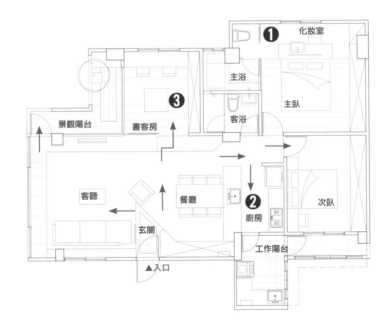

❶ **外洗手檯** 主臥室床頭後方的一字型規畫梳妝檯區，將洗手檯獨立於衛浴外。

❷ **開放式雙排廚房** 開放式廚房採雙排櫃設計，水槽櫃面對廳區，讓備餐、餐後整理操作時面向廳區，與家人的互動佳。

❸ **書房架高地板兼收納** 不同於定案架高一階，A、B兩案的書房木地板架高兩階，地板下空間提高居家收納使用。

∏字型廚房＋主臥梳妝區也是工作區

B提案一樣不延長臥室走道、更衣室讓給客浴。但主臥室洗手檯則規畫在浴間，使梳妝桌面保持完整長度，也可當書桌。廚房採∏字型空間設計，開口面向大門，動線更為順暢。

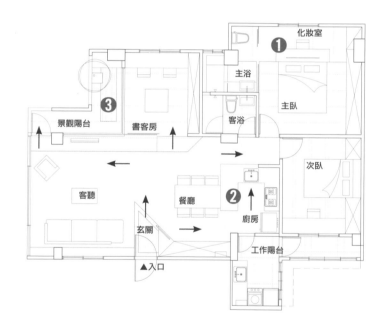

❶ **梳妝台兼書桌** 主臥室床頭後方的過道，回歸純粹的化妝區使用，洗手檯回歸浴間。

❷ **開放式∏型廚房** 開口面向玄關，動線精簡，採購回家的食材等無須經過走道，即可直接進入廚房迅速完成分類整理。

❸ **景觀陽台** A、B兩提案皆放大書房的採光優勢，將L型區域規畫為景觀陽台。

ch 3

好設計，讓你的家多2坪！

case

1

格局共享 凝聚老屋溫度

把室內玄關變院子，
完整一個回家感覺！

空間整併手法

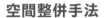

善用畸零
室內玄關＋陽台，爭取1坪的女主人專屬區。

模組收納
電視牆支援客廳的小物暫放、收納使用。

化零為整
工作區＋餐廳＋廚房＝完整的團聚空間。

空間加大
書房＋大片拉門＝功能性的空間互補、延伸。

●從沒有玄關，到擁有景觀院子、男女主人各自專屬的閱讀
　靜思角落，以及可容納小組活動的社交餐廚，有限空間裡
　圓滿親子教育生活的廣向、多元。●

「回家，希望是先經過一個院子才進入家門。」這是離開工作崗位、回家的情緒過渡。但對這間隱身都市中心的巷弄老房子，空中綠院是可遇而不可求，因爲原始的三房二廳格局，是沒有玄關設置。

加大陽台 給家一個玄關院子

若按原格局，在大門入口處加設鞋櫃，會導致客廳變得畸零，不好使用。因此在衡量屋主一家人需要兩孩房、書房、主臥等需求之後，回過頭來看「客、餐廳及廚房」這3件事。思考原本各自獨立使用的3個區域，是否能匯整成一個完整的生活空間，更貼近日常的家人團聚、居家學習的使用目的。

從這個基礎發展，調整格局時決定採陽台內推，爭取舒適的1坪玄關院子，讓家人回到家，有了換鞋的臨停之地。從玄關眺望城市繁華，別有一番情趣。

老屋格局重整，原隱藏的室內走道空間也浮上檯面。如何讓走道空間成爲生活日常的使用助力，而非閒置浪費？隨著陽台加大，緊挨著玄關院子，隔著一面玻璃牆，利用空間餘剩的畸零地帶爲女主人增闢1坪的專屬角落，研習、記帳……，都有公園綠景相陪，而且孩子們打開家門，第一眼就能看見媽媽在廚房裡忙碌的身影。

1 將原本各自獨立的客餐廳、廚房，化零爲整，開放式廚房納入餐廳機能，餐廳取代傳統客廳的社交功能發揮無遺。利用畸零空間爭取女主人事務工作專區。**2** 原本大門是在室內，如今陽台內推，整併大門出入口成爲陽台式玄關。

home data

屋　　　型	公寓／老屋
家庭成員	夫妻、2子女
坪　　　數	52坪
格　　　局	陽台玄關、餐廳、廚房、起居室、主臥、小孩房、和室書房、主衛、客浴
建　　　材	金屬、清水模、玻璃、磚、實木、回收棧板、舊料檜木
得獎紀錄	2014年中國IAI最佳設計大獎、2015年中華創意設計獎「家居空間大獎」銅獎、2016年義大利A'Design Award室內空間住宅案 銀獎、2016年德國IF Design Award設計大獎、2017年日本Good Design Awrd入圍、2017年中國APDC亞太室內設計佳作

待客或家聚，客、餐廳分得清清楚楚

在這裡，空間的主從次序被重新定義；進一步地說，是住家的餐廳角色被重新定義。

傳統上，客廳被視爲「招待」空間，餐廳則是「用餐」。但在這兩層樓住宅裡，樓下空間以開放餐廚區取代客廳作待客使用，還原餐廳的公共性、美食社交任務，雙冰箱、酒櫃、廚家設備等一應俱全。朋友聚會、烹飪烘培研習、製皀共學等，全圍聚著大餐桌進行，寬面實木桌則成爲廚房工作區檯面的延伸。

書房設計呼應餐廳的社交功能，刻意採大片拉門設計。當拉門滑開，書房變成餐廳的延伸，空間感倍增，大人們在餐廚區活動，書房則成爲孩子們的遊戲天堂。書房特別架高地板，居家收納、臥寢床板、坐椅等需求一次滿足，親友留宿時便能派上用場。

1 原隱而無用的走道隨著格局調整後，使用性大幅提高，大拉門設計有助於開闊空間感。**2** 書客房也是餐廳社交的一分子，空間運用彈性高。**3** 小孩房左側牆面用料來自於二手回收的檜木，重新打磨、拋光而成，檜香滿室。**4** 樓上空間的彩虹色調電視牆，利用卡榫設計，提高隨手收納、佈置及展示的實用度。棧板主牆呼應屋外自然綠意，刻意保留的斑駁牆體搭配經典舊家具，別有一番韻味。**5** 樓上空間，老房子的鐵皮屋桁架保存良好，成爲閣樓空間設計的發想基礎。

3　4

不及頂隔間　漂亮街景轉身看得見

客廳移往樓上空間，以起居室型態納入主臥場域，是一家四口最愛的迷你電影院。樓上空間近20坪，從特殊的斜屋頂結構發展成自然原始的閣樓設計，同時保留了老房子數十年的舊生活記憶。

一道不及頂、左右不貼牆的清水模隔屏，將睡寢、起居閱讀區切割開來，並開出雙動線，將室內導引成一個自由的環形動線。寢區旁的景觀陽台開口方向更動，帶來視覺上的增坪感，屋外一抹綠意透過落地窗帶來框景美感，跟著人在室內游移放送。

有限的空間裡，收納秩序的建立是有其必要性，特別是小物收納部分。七彩粉色調的電視牆利用卡榫設計，提供親子可共同佈置的移動性層板架，適時提供隨手暫放平台，生活教育的基礎就從居家開始。

1 一道紅磚牆，後方是主臥衛浴。2 主臥寢區外的小陽台更動開口方向，木平台串聯室內外，人們的視線也跟著向市遠方延伸。3 清水模牆屏將室內分隔成寢區、起居區。4 主臥的鐵件衣櫥採1米5長的拉門，導引視線穿透、展延，空間更顯得深遠。

空間增坪計畫

老社區的公寓老房子，擁有極佳的視野、公園景觀，卻因封閉式的獨立格局無法共享。在維持屋主一家四口所需的三房兩廳配置下，且須達成新增玄關、可供多人聚會使用的社交空間安排，是本案增坪改造的重點所在。

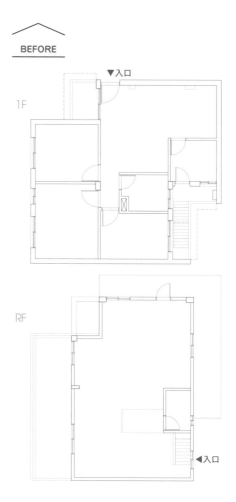

BEFORE

1F

RF

▼入口

◀入口

格局調整 LIST

Ⓐ **玄關**──陽台內縮，爭取玄關院子的安排。

Ⓑ **廚房**──餐廳與廚房取代客廳功能，整併為飲食聚會的社交空間。

Ⓒ **起居＋閱讀區**──閱讀、起居空間既分區又整合，一個區域兩種機能。

Ⓓ **主臥**──以清水模牆屏分隔臥寢、起居區。

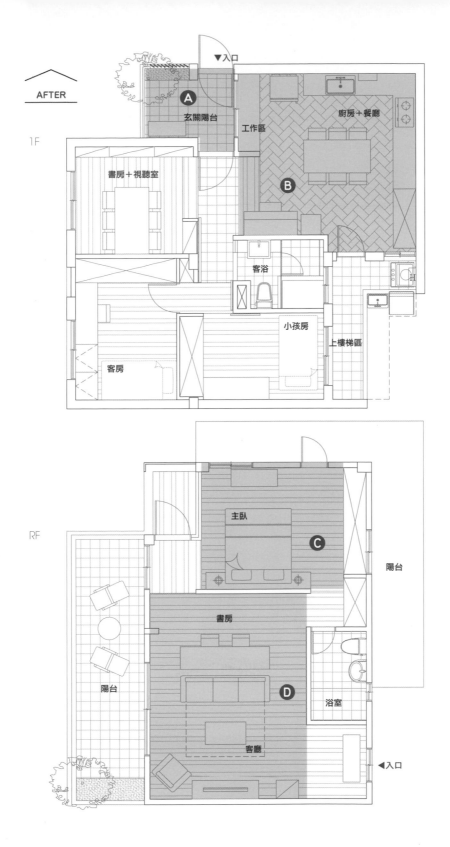

AFTER

1F

RF

▼入口

玄關陽台

工作區

廚房＋餐廳

書房＋視聽室

客浴

小孩房

上樓梯區

客房

主臥

陽台

書房

陽台

浴室

客廳

◀入口

Ⓐ

Ⓑ

Ⓒ

Ⓓ

合併加大

陽台內縮的加大效應

原空間陽台過小,且大門直通室內並無玄關設計,卻有一道無實用性的走道。因此將陽台內推,與大門入口走道空間合併,形成具有玄關功能的院子,同時也成為城市裡難得一見的景觀玄關陽台。

善用畸零

利用隱形走道，爭取1坪專區

隨著玄關、餐廚區的格局調整，室內走
道的坪效也獲得提昇，ㄥ型廚房末端的1
坪畸零地帶，順勢規畫為一簡便的工作
專區，為女主人爭取研習、記帳等的個
人專區。大片的落地玻璃，能延伸視野
也將綠光引進。

模組收納

可調式棧板牆，每塊皆可收納

起居區的電視牆取材自回收的木棧板，以85×100公分的模組化規格，填入三角屋型空間裡，活動層板可視需要變換位置，吊上掛鉤就能吊掛衣物、盆栽，成為與室外大自然連結的裝置。

平台架高

木平台連結、室外空間拉進屋內

更動主臥寢區旁的小陽台開口位置，改以大面玻璃窗替代，屋外陽台的木平台向室內展延，製造視覺上的增坪錯覺，發揮擴大空間感的作用。而綠意植栽與落地窗構成如畫般框景，成為室內隨時可及的風景。

善用落地窗拉長景深

戶外露台圍欄刻意採用薄型鐵件施作，讓屋外景觀避免因圍欄的厚重線條遮擋、分割，高樓層一望無垠的開闊視野，透過落地窗拉長室內景深。

case

2

長屋取光 動線自由

空間 1 倍變 2 倍，
老街屋變身天井中庭住辦

空間整併手法

迂迴動線
斜坡入口回應空間與人行道退讓關係，也創造出
可供展示的藝廊玄關空間。

天光共用
天井庭園明亮街屋中段區，居家、工作室共享。

島狀動線
居家空間圍繞著廚房吧台與電視櫃屏開展。

走道二用
廚房空間是走道動線，也是連結兩間房的通道。

●長屋以「前店面、後住家」的空間架構呈現，意外的天井中庭禮物，解決長屋中段採光不佳的問題，與會議區、主臥、客餐廳等共享，創造空間翻倍的放大感。全室使用原始且傳統的材料，搭配部分舊門牆木料及其他工程剩料，活化老街屋賦予新觀。 ●

因基地抬高的緣故，進入這間位於市中心老舊公寓一樓，要先蹬上兩階，才是入口。

這裡是城市中心裡的老社區，由於早期曾淹水過，因此建築基地做了抬高處理，衍生出較不便利的階梯入口類型。房子面臨城市街道，縱深長，是傳統的「前店面、後住家」街屋，也符合住辦合一的使用設定。

設計時，順著建築基地與路面的落差條件，改用斜坡取代階梯設計，作為房子與街道的連結，圓滿街屋與人行道的退讓關係，轉折後，與展示廊道接續，開出一條迂迴動線。

切割街屋，從3根柱子發想

空間，隱然不只眼前所見。一切，要從空盪盪長屋裡的3根柱子說起。長型街屋依柱子切割「住、辦」兩區，臨街的前半段作為工作室使用，採光條件最佳，玻璃牆結合展示櫃的設計，兼具引光、櫥窗展示，以及半遮擋內部工作情景；後半部空間作為私人住宅，二房三廳雙衛配置，符合小家庭使用。

工作室空間寬廣開闊，灰色基調既低調又有張力，金屬架構的工作區打破「單人單區」的工作模式，改為共享平台的方式，工作長桌猶如一座創意島，成就不受方向限制的人流動線，自由且奔放。會議區採架高地板設置，木桌可拆組，化為木地板的一部分。與工作區形成視覺的差異，連接中庭綠景使用上也有空間增坪的效益。

1 工作室的入口斜坡，為退讓人行道做出回應，帶出迂迴的前行轉折。 2 金屬架構的工作區以共享平台的方式打造，以工作長桌為中心，成就不受方向限制的人流動線，自由且奔放。

/ home data

屋　　型	公寓 / 老屋 / 住辦合一
家庭成員	夫妻、2小孩
坪　　數	45坪
格　　局	作品走廊、工作區、茶水事務間、會議區、天井庭園、主臥、客廳、書餐房、次臥、廚房、雙衛
建　　材	實木、木作、玻璃、鐵件、木地板、舊料
得獎紀錄	2009年TID室內設計大獎單層住宅類空間 入圍

還原天井，中庭分3區共享

會議區後方的天井中庭，則是老街屋給的大驚喜，解決長屋中段昏暗的困擾。原先，長屋中段是另隔出一房的。拆除時，意外發現該區是公寓建築的天井，卻因為希望增加室內空間的使用，做了增建處理，同時也抹除了街屋中段的最後一抹天光。

「還原『該有』的中庭吧。」天井中庭以「埕」的意象呈現。傳統的「埕」，有方正圍塑之意，轉化至建築空間則成為「天井」，陽光、空氣、水，在這裡交會、傳遞、發揮。起居區、主臥、會議區等環繞著天井中庭，三區的視覺重疊下，不論是往前、往後、往側，都有空間增倍的效果。

1 街屋前段為工作室使用，金屬結構的工作平台猶如中央島般，引動四方迴旋循環。**2** 工作室簡潔明快，會議區架高木地板，與工作平台區做出明顯分界。 **3** 對屋後的私人生活空間來説，天井中庭像是廳堂前院、臥房側院，一抹綠穿牆而來。**4** 中庭同時與周圍三區共享，帶來1倍變2倍的增坪效益。

3

4

1 客廳沙發背牆保留老房子的舊磚牆,電視牆以柱子為基礎,整合電器櫃。2 廚房走道串聯兩間房、客浴,動線重疊,整體空間的使用效益佳。3 次臥衣櫥以布簾取代門片,柔和空間的灰階色澤。4 主臥的通舖與廚房的架高地板接軌,窗前景觀座櫃兼收納使用。

4

電視櫃屏中央島，孩子繞著跑

進入中庭，意謂著離開工作崗位，回家。隔著一方天井，兩個世界、兩種生活。街屋的後門作為進出住宅的玄關意象，完整住宅生活空間。玄關開口接續廚房通道，串連兩間臥房、客浴，猶如一條公共廊道般，既是廚區也是動線的設計，動線重疊帶來高坪效使用的零走道結果。

長型街屋的最後一根柱子，落在客餐廳、廚房之間，空間的完整性因此被分割，影響空間的使用性。那麼，柱子該不該被隱藏遮飾呢？在這裡，選擇從尊重空間的角度出發，以柱子為基礎，發展成電視牆設計，並橫向整合廚房電器櫃，形成一件多功使用的櫃屏，不及頂、不靠邊。生活空間也跟著柱子流動，讓前後空間連結、延伸。

空間的流動性好不好，孩子們最清楚了。無論是繞著電視牆屏轉，或是從客餐廳、穿越中庭至房子最前端，都是暢通無阻的直行、環行路線，消耗孩子們精力的居家跑道。

空間增坪計畫

長型街屋為住辦合一空間，因使用屬性不同，產生了前後區不同的入口設計，一為斜坡連結轉折動線，一為玄關、廚房走道重疊。還原街屋中段原有的天井條件，化解中段區域無採光、風透不進來的問題。天井中庭透過玻璃窗、折疊門，與相鄰的三個空間共享景觀、採光，也發揮1倍變2倍的增坪效應。

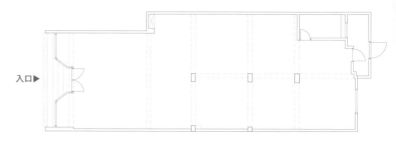

BEFORE

入口▶

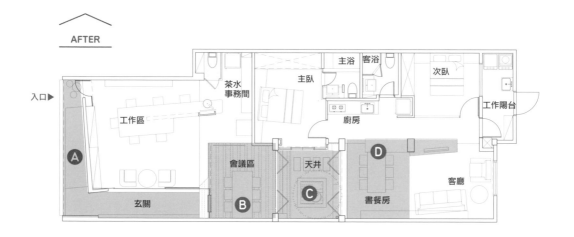

AFTER

入口▶

工作區

茶水事務間

主浴　客浴

主卧

次卧

廚房

工作陽台

A

會議區

天井

D

玄關

B

C

書餐房

客廳

格局調整 LIST

A **入口**──斜坡＋轉折動線，連結作品走廊。
B **會議區**──以架高地板方式呈現，與工作區分隔。
C **天井庭園**──利用折疊門、玻璃窗，供3區共賞。
D **書餐房**──以柱子為基礎，整合電視牆、電器櫃。

創造空間多層次

斜坡＋作品走廊，轉折動線

街屋的入口斜坡，轉折後與展示
廊道接軌，不論是斜坡或長廊，
都創造了「視點」不斷游移，造就
空間的多層次，帶來增坪效應。

環形動線 & 走道二用

多功能動線，流動化空間

街屋的後半部作為私人住宅，屋後入口於玄關換鞋後。玄關開口連結廚房，廚房工作動線既是玄關過道，也是公共廊道。另外，以落在客餐廳、廚房之間的柱子為基礎，整合出電視牆和廚房電器櫃，並形成一道環形動線，化零為整讓空間暢通無阻。

以折門創造通透延展的綠光空間

天井中庭對屋後住宅區來説，有如獨棟建築的前院，跨越兩階門檻，進入家人生活的起居場域。中庭與私人生活空間以兩扇折疊門為界，通透可開可閉的通透玻璃，讓光、風、雨、綠自天井引進。

架高設計

以高低差分工分區

位在長屋前的會議區採架高地板設置，木桌可拆組，化為木地板的一部分。與工作區形成視覺的差異與延伸性，產生空間增坪的效果。天井中庭猶如會議區的後院，來自天井的採光灑下片片暖光，水景植栽湧現自然生氣，舒緩討論議程的高亢情緒。

收納＋閱讀平台合一

主臥位於長屋中段，架高地板的通舖與廚房區接續，落地窗前設置座櫃，將戶外平台移至室內，產生空間越界的效果，座櫃下方又能規畫收納空間。推開玻璃窗，座櫃變身閱讀平台，近距離感受中庭的溫度、濕度、風動水起。

case

3

家具就是最好的隔間

只要一張桌子，
滿足一天的生活日常！

空間整併手法

善用拉門
櫃牆的拉門同時也可轉折成主臥牆屏。

一物多功
長型桌子＝書桌＋餐桌＋化妝檯＋主隔間＋沙發靠背。

架高設計
架高地板區隔空間、也延伸成客廳椅座。

曖昧的越界
玻璃隔間帶來通透開闊的視野。

一張桌子，可以是沙發的背靠、可以是家人用餐的
餐桌、可以是書房閱讀的開卷平台、可以是主臥化
妝的梳妝檯，更是架構這個家的中軸，一日生活的
起承轉合皆繞著桌子轉動。🔹

屋主任職於中央研究機構，擁有逾千本藏書，夫妻倆入住這間屋齡40年的市中心老房子，不到20坪的室內空間，被切割成二房二廳一衛、一儲藏室，乍看下機能完整的住宅格局，卻是陽光、空氣不對流的常見問題。

實地丈量現場發現，老屋雖然大隱於市，卻擁有前後無遮擋的無敵採光，這項優勢在格局未變更前，可是不顯山不露水的。

一根柱子　發展成一張多功能桌子

以往的格局規畫，習慣從房子的動線、機能做切入，或是從家的屬性、氛圍來處理、解決空間的使用需求。但是，這樣的設計慣性思考，卻在此宅徹底被推翻。

拆除舊隔間，打破了因柱子而封閉的昏暗格局，房子前後兩排向陽面，為家注入滿滿陽光，在多雨的港都最是難能可貴。空間順著既有的十字樑與中心柱來設計，水平發展成一張長條桌子，來架構整個空間，猶如切豆腐般，形成一個「田字切」格局，食、住、育、樂等面向使用獲得提昇。

一張桌子兼具餐桌、書桌、梳妝檯等功能，同時也是分隔客廳、廚房的矮牆，安置客廳沙發的穩定靠背，成為架構、區隔生活空間的元件及視線焦點的中心。

1 架高木地板劃分公私領域，地板也是待客椅座的一部分，書客房、客廳視野開闊。2 集成夾板屏風點出玄關入口，與鐵鏽大門的自然質感呼應。

home data

屋　　型	公寓/老屋
家庭成員	夫妻
坪　　數	17坪
格　　局	客廳、餐廳、書房、臥房、廚房、衛浴
建　　材	夾板木、集成夾板、玻璃、金屬
得獎紀錄	2015年中華創意設計獎「家居空間大獎」銀獎、2016年義大利A'Design Award室內空間住宅案 銀獎

1 書房加上百葉簾，提供主臥寢區獨立的隱私，公共空間一片清明舒坦。2 書牆櫃門順著天花的拉門軌道，可轉折成一道活動牆屏。3 書房大通舖提供聚會的另外選擇，架高木地板床底下滿足大容量的收納使用。

移動櫃牆拉門　大通舖一切變兩房

　　沿著中心柱子不僅衍生出一張桌子，架高木地板將室內切分成兩個垂直高度，一為大通舖的主臥寢區、書房，另一則為公共空間。大通舖區地板下空間作為收納倉儲，是男主人個人藏書的專用書庫，除了書房那面浩瀚書海牆景，通舖床底下還存放著數百本書籍。主臥寢區與書房採用通透的玻璃隔間、可移動式隔屏拉門，讓四個單元空間既可獨立、又可延續地交互運用。

　　平日，書房作為寢區的延伸，藉由通透玻璃、架高地板，向客廳區越界延伸。當有客人留宿，滑開書櫃的大拉門，一轉一折間，成了主臥與書房的隔屏，大通舖一分為二，書房變客房，又能保有主臥寢區的私密性。

1

動線上的客餐廚　行進間的交流

隨著老屋格局重整，許多原先被迫放棄的居家生活質感失而復得。
方正屋子裡，原擱置於邊陲角落的浴室也取得「加大」的機會。廚房
外移，狹窄的浴室升級成湯屋，讓屋主在家也能享受泡湯的樂趣。
餐廳機能併入多功的桌子設計，廚房以開放空間姿態與廳區整合。
如此一來，由玄關至廚房的走道動線，納進各個機能序列，讓走道
空間得以充分發揮。廚房、餐廳呵成一氣，在廚房活動的家人能一
邊烹煮備餐，也能立即地回應家人。

維繫室內四區的一張桌子取材自木夾板，書櫃拉門、入口屏風則採
用集成材夾板，對應清水抹牆的灰階柱子、牆體，並餘留具歲月風
化感的鐵鏽大門，形成不為裝飾而裝飾的居家風景。

1 從享用美味料理的餐桌向主臥延伸，成了梳妝檯。2 主臥寢區位於空間角落，樸素簡潔的衣櫃，猶如一
道寧靜的風景。

2

空間增坪計畫

室內坪數不足20坪的小宅規畫，以「一張桌子」作為格局分割的發想，強調順勢而生的空間使用。由十字樑、中心柱子發展而成的桌體，隨著落腳的位置而扮演不同的角色，是梳妝檯、書桌、餐桌，更取代傳統隔間牆。

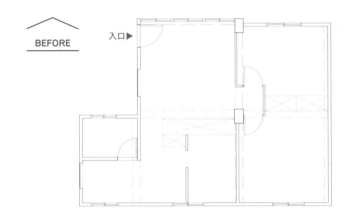

BEFORE
入口▶

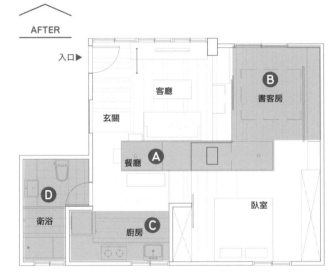

AFTER
入口▶

客廳
玄關
書客房 B
餐廳 A
衛浴 D
廚房 C
臥室

格局調整 LIST

A 餐桌——也是書桌＋梳妝檯的多功能組合。

B 書客房——架高地板向客廳延伸，成為椅座的一部分。

C 廚房——加大空間，併入廳區走道動線。

D 衛浴區——加大整合原來的小浴間、小廚房。

家具整併術

取代隔間牆、沙發背牆

原客餐廳以隔間櫃將兩空間區隔開來，造成室內光線昏暗。然而隨著木長桌取代「牆」之後，廳區的光便可無阻地穿透、拉長景深。此外，長桌的設計還能滿足屋主在家聚餐的需求，同時成為安置沙發穩靠的背牆。以室內中心點的柱子發展成一張桌子，是餐桌，也是沙發背靠。

結合餐桌、書桌、梳妝檯

順應空間的十字樑與中柱結構，水平衍生成一道長桌，橫跨書客房、主臥、客廳及餐廳，讓家多了餐桌、書桌、梳化桌，提供可多人同時使用的方便性。在視覺不斷地延續、流動中，眼前所見都是開闊的景象，破除小宅空間的壓迫感。

架高&拉門隔間法

是櫃門也是隔間門屏

書房的書櫃門片刻意採大拉門設計，且門片可順著天花軌道，滑出櫃牆、轉折，變成一面移動式隔牆。如此一來，則可彈性地將架高地板的臥室大通舖，分隔成兩房使用，滿足書房兼客房的使用需求。

廚房外移加大浴室

調整在家用餐的空間安排,將角落邊間的小廚房外移,併入公共空間的走道動線,讓餐廳、廚房兩區的關係更為緊密。原廚房空間則納入浴室規畫,爭取浴室加大的可能,小宅也能擁有在家泡湯的度假氛圍。

廊道放大2倍＋會動的隔間

向左走向右走！
走動式屏風讓家變遊戲場

空間整併手法

移動設計
擴大走道，利用移動式屏風分隔空間。

模組收納
書牆兼具腳踏車收納架，以活動式層版滿足各種收納展示。

架高設計
書房架高木地板，延伸成為沙發座椅的一部分。

善用拉門
小孩房採拉門隔間，既獨立又可擴大使用區域。

●對於家有幼兒的空間規畫，在不影響空間使用的舒適度，
　並以教養孩子的概念為基礎，讓空間能隨著孩子的成長做
　出對應。而看似浪費空間的擴大走道策略，加入移動式屏
　風元素，帶來令人驚喜的實質回饋。　●

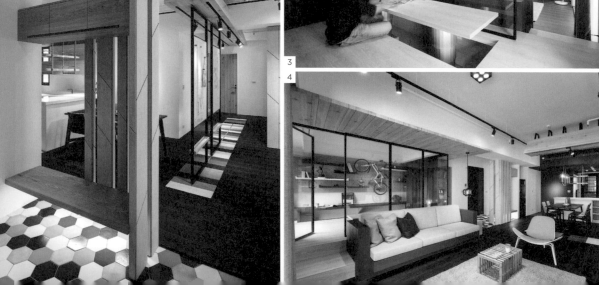

「四房裡，含一間書客房的使用。」這是男主人當初提出來的使用需求。此宅的原始格局是標準的四房組合，在這個基礎架構下，和屋主討論房子未來使用的方式，最後決議以無遮掩、開放、彈性利用空間作爲設計主軸。另外，也希望滿足空間不同的階段性任務。

可調式收納　腳踏車變牆面風景

原始空間並沒有玄關設置，因此以格柵序列結合穿鞋椅、吊櫃，搭配六角磚地坪，區隔出玄關換鞋區。大門旁畸零邊區也裁切成餐廳收納冰箱處與玄關衣帽間，完整一個家應有的迎賓空間。

公共空間開闊明亮，餐廳機能併入開放式L型廚房，烹煮、備餐、用餐、工作……全由餐廚空間包辦。客廳、書客房、玄關區看似個別獨立，但視覺穿透書客房的玻璃間，空間則整個敞開延展。

另外，男主人指定的客廳沙發區，利用書房的架高地板向外延伸，順勢凹折成一個訂製底座，沙發像是從書房的木地板「長」出來似的。至於陽台的設計，則透過實木地板由內向外延伸視野，可以觀賞到窗外的庭園綠意。

「我有一台單車，不知該放哪？」男主人提出另一項需求。「把腳踏車架上牆面吧！」從這個想法出發，書房的書牆層架採可調式設計，讓曾經佔生命中一段美好時光的自行車，也能化爲一面單車風景。

1 由玄關輾轉進入客廳、書房，是一片紓壓的開闊場域。**2** 玄關與廳區透過入口區格柵互動，穿鞋椅、衣帽間一應俱全。**3** 自動升降桌強化了書房的閱讀使用功能，友人來訪時，也可方便收下，平台化身客床使用。**4** 書房木地板延展成沙發底座與支撐背靠，與公共空間交融。書牆層架採可調式設計，將腳踏車架在牆面上收納與裝飾。

home data

屋　　　型	大樓 / 新成屋
家庭成員	夫妻、2子
坪　　　數	47坪
格　　　局	玄關、衣帽間、客廳、餐廳、廚房、主臥、小孩房、書房、3衛浴、景觀陽台
建　　　材	杉木、烤漆玻璃、百葉窗、實木地板、鐵件、木紋水泥板、橡木
得獎紀錄	2017年日本Good Design Award 入圍、2017年金點設計獎入圍

1 走道擴大後，結合移動式屏風設計，作為客、餐廳之間的隔間物件。2 開放式廚房整合餐廳機能，冰箱的置放處則是由玄關的畸零邊區而來。

走道擴大 2 倍　打造孩子的塗鴉創作舞台

原始空間狹長型的走道連結了三間房，在避無可避的情況下，勢必得在動線上做些調整，才有「增坪」的使用潛能。我們採取的策略是，大膽地「擴大走道」！在不影響三房的好用度之下，壓縮走道兩端的三房空間，將原本僅容兩人錯身交會的 90 公分寬走道，拓展至 180 公分寬。主臥與走道以隔間櫃作為界定，滿足主臥、走道及客廳電器櫃的三方收納需求，電視牆一路從客廳轉折至走道，形成 L 型轉角立體風景與延伸張力。

加大走道也給了加入移動式屏風的機會，等同於製造一個「無中生有」的趣味。移動式屏風將走道一分為二，提供展示、留言板的功能，孩子們可以繞著屏風玩耍、隨手塗鴉創作，成為家的雙動線藝廊。多功能屏風從走道向廳區滑移，又成了區隔餐廳、客廳的物件，不影響光影穿透，空間更顯有趣。

1 主臥空間，局部牆體退縮，讓出了一道60公分深的隔間櫃牆，滿足主臥、走道、客廳電視櫃的置物收納。2 寬廣的走道是小孩房的延伸，小朋友可以在這裡玩耍、塗鴉創作……。兩間房以拉門為區隔，為日後切割成獨立的兩房預留伏筆。3 主臥整合更衣間、浴間，並利用床頭後方的走道爭取梳妝檯、閱讀區。4 小孩房以白色為基調，七彩的百葉櫃門讓空間多了活潑感。

陪孩子睡的大通舖　隱藏著雙房潛力

一直認為「孩子應該從小就在自己的房間睡」。如此的話，親子空間該如何安排呢？通舖設計是很好的解決方案。兩間小孩房以拉門為區隔，不僅可以連通成一間大遊戲室，通舖設計也方便爸爸媽媽陪著小孩入眠，就近照顧。滑開拉門，小孩房合併成一個超大遊戲區；假以時日，孩子們長大，需要各自獨立時，拉門便是獨立兩房的隔間牆。

空間增坪計畫

維持在3+1房的使用下，刻意將走道加寬，經營雙動線藝廊，同時滿足各個區域的收納需求。小孩房規畫涵括了孩子從出生到獨立的發展歷程，納入大人陪伴入睡的方便性，兩間小孩房採通舖設計，大拉門為日後還原成兩間獨立的臥房預埋伏筆。

格局調整 LIST

Ⓐ 玄關——隔屏整合穿鞋椅、吊櫃，增闢衣帽間。
Ⓑ 書客房——滿足閱讀、留宿客人的需求，架高地板延伸成沙發底座。
Ⓒ 小孩房——兩房以拉門為區隔，採通舖設計。
Ⓓ 走道——加寬至約180cm，置入移動式屏風元素。

BEFORE

入口▲

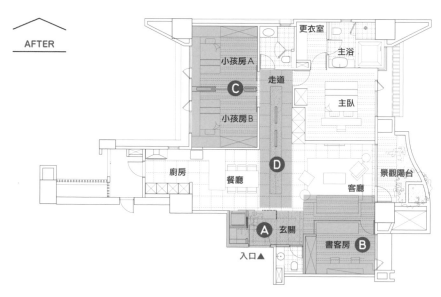

AFTER

更衣室

小孩房A

主浴

走道

小孩房B

主臥

Ⓒ

廚房

餐廳

Ⓓ

景觀陽台

客廳

Ⓐ 玄關

書客房 Ⓑ

入口▲

移動式概念

大人、小孩都愛的塗鴉留言板

移動式屏風設計分隔走道,形成一個環繞式動線,
也是全家人都愛的活動展示牆、留言板、塗鴉場
所……。屏風隨著天花板的滑軌向廳區移動,又是
客廳、餐廚區的主題牆。

活化畸零角落

玄關畸零角落增加衣帽間

原無玄關設置，利用隔屏、六角磚地坪畫出玄關範圍，視覺透過隔屏，在廳區的家人也能注意到玄關動靜。大門入口旁的角落區塊分配給餐廳、玄關使用，作為收納冰箱、衣帽間。

主臥床頭後設立小閱讀區

主臥整合更衣間、衛浴間，並將床居中擺放，床頭後方近70公分的走道空間，轉化為化妝檯、閱讀區的寧靜角落。

模組化收納

書牆收納主題千變萬化

書房兼客房使用，採架高地板、電動升降桌設計，且緊靠著牆的桌板可隨手拿起，讓雙腳可舒適地向地板下延展。書牆的層板架為可調式，隨著收納物件做調整，男主人的腳踏車也能躍上書牆，成為公共空間的焦點。

彈性空間

兩間小孩房可合、可分

相鄰的兩間小孩房以拉門為界，大通舖設計一方面可讓家長陪伴孩子入睡、遊戲玩耍的，也可讓孩子從小就習慣有自己的房間。當孩子漸長，只要關閉兩間房之間的拉門，便形成完全獨立的臥寢空間。

Z軸設計，家的走道歸零

搶救怪奇格局！
解決一進門就要走很久的家

空間整併手法

動線重疊
廚房通道也是公共走道。

善用拉門
以拉門創造視覺的增坪效果。

一室二用
和室是遊戲室、寢區，日夜角色不同。

善用畸零空間
將玄關的角落空間轉為好用的儲藏室。

從玄關至主臥，隨著空間開展，共經歷了3道轉折，形成一個極為特殊的Z軸式動線。餐廳、書房、遊戲孩臥的3個轉折空間，軸與軸的交會，成為家中最有趣、最美麗的中介與場景，生活收納也因為畸零角落的重新開發變得更便利。

1 捨一房，換來書房、遊戲區和客廳的開闊場域。2 陽光從孩臥、客廳到書區，深入室內，帶來視覺的增坪效應。3 廚房藉由玻璃拉門避免油煙向書房、客廳外散。

「打開大門，總是要走很遠才能進入房間。」任職於外商的屋主買下這間位在市中心的老屋，便是擁有這麼奇特的先天格局。一個因應高房價而進行產權分割所衍生的特殊格局，由大門入口至臥房的動線冗長、迂迴，而且因原先格局在室內形成多處內凹地帶和一些閒置、不好用的稜稜角角。

離開邊區 廚房走道一體兩用

比方說，洗、切、煮一體的簡易廚房就縮在玄關過道一旁，餐廳落在玄關轉進臥房的動線上，走進走出，繞著餐桌總是不方便。規畫平面時，關於室內空間的第一個轉折區塊，涵括玄關、餐廳及廚房等，有沒有可能讓走道動線看不見呢?!

「讓動線重疊，繼而變成空間的一部分。」以玄關過道的結構柱體為基礎，發展成一面櫃牆。此外，玄關鞋櫃、原小廚房外移後，騰下逾1坪的狹長空間，部分作為儲藏室，緊鄰的玄關區，除了保有鞋櫃收納外，也隔著鐵件格柵，導引裡外空間的光、風，穿梭流動。

廚房取代餐廳，成為進出動線的中心，廚房的操作動線便是公共走道的動線，走道重疊效應下，創造了無浪費走道的局面。廚房側牆結合黑板牆功能，不但延伸玄關過道，也成為家人進出家門時互相提醒的留言角落；另外，藉由玻璃拉門避免油煙向書房、客廳外散，讓在家享用美食的聚會，也能像是置身高級餐廳般優雅，取代傳統以客廳作為招待客人的場所。

home data

屋　　型	公寓 / 老屋	
家庭成員	夫妻、1小孩	
坪　　數	30坪	
格　　局	玄關、客廳、餐廳、廚房、書房、主臥、孩臥 (和室)、雙衛浴、儲藏室	
建　　材	玻璃、黑板漆、鐵件、木地板、木作	

打開孩臥 啟動視覺增坪

非烹煮備餐時刻，廚房的前後兩端開啟，讓來自儲藏室、餐廳採光面的氣流貫穿屋子，只是緊接著廚房的書房，等同於在這蜿蜒Z軸式空間的最深處，唯一的對外窗是「風口」。何來採光？

借光，勢在必行。餐廚區是待客的服務空間，保留兩房配置，捨一房，換取大人、小孩都可使用的書房兼遊戲室，也作為閱讀與餐食的分享，讓在外商工作的男主人，在家 on call 工作時，一邊陪伴著家人。客廳是家聚的私密空間，連結前後的孩臥、書房。

基於採光考量，位於採光面的孩臥設置拉門。白天將拉門收攏於單側，屋外陽光從架高多功平台、客廳到書區，無遮的全視野，沿著採光面一路延伸，開出一條採光動線，帶來視覺的增坪效應。

把陽光區塊留給房間吧！

最好的採光、通風，留給孩臥、主臥，對睡眠品質有正面效果。孩臥不僅是客廳、書房的重要光源，且用四道拉門及架高平台多功的處理，晚上作為孩子休息的寢區，白天收起拉門，就是客廳旁孩子的遊戲空間。架高地板下也是居家不可或缺的倉庫；須留宿訪客時，通舖設計又能適時地發揮客房的用途，讓都會型住宅的空間運用更具彈性。

主臥簡單舒適，利用樑下空間規畫收納櫥櫃，修飾柱子視覺。櫥櫃深度與主臥衛浴洗手台修整於同一水平視覺，製造既延伸又阻絕的延長感，為視覺增坪預埋伏筆，憑添無限想像。

1 廚房側牆貼覆黑板牆，延伸玄道過道，溫暖的叮嚀隨手塗鴉而上。**2** 重新整理後陽台入口的閒置區，規畫餐廳。

1 孩臥以和室面貌呈現，兼具遊戲區機能，架高木地板下則提供收納使用。2 孩臥房兼客房使用，空間運用更為彈性。3 拉攏和室門片，夜間則成了孩子的臥寢區。4 主臥樑下空間規畫收納櫥櫃，修飾柱子視覺。5 主臥櫥櫃與浴間洗手檯連接，灰色的浴室底牆，製造出既延伸又阻絕的延長感。

空間增坪計畫

房子先天格局是很奇特的多轉折空間，一折一個區塊，加上因樑柱在室內形成大大小小的內凹角落，閒置未用，非常可惜。重新思考「走道」在空間的定義，讓畸零角落為生活空間做出貢獻，小兵也能立大功。

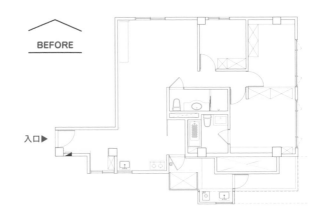

BEFORE

入口▶

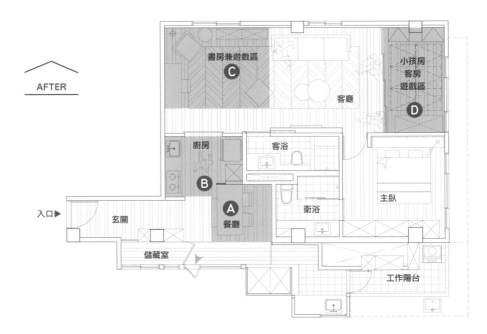

AFTER

入口▶

書房兼遊戲區 C

客廳

小孩房
客房
遊戲區 D

廚房

客浴 B

主臥

A 餐廳

衛浴

玄關

儲藏室

工作陽台

格局調整 LIST

Ⓐ **餐廳**──利用後陽台入口的閒置區域作擴充。

Ⓑ **廚房**──公共走道與廚房的走道動線重疊。

Ⓒ **書房**──與廚房隔著拉門，隔絕油煙、也延伸視覺。

Ⓓ **和室**──客廳、廚房重要的光線來源，創造視覺增坪。

視覺增坪

拆除兩道隔間的加乘效應

考量到小家庭的使用、房子的採光來源，維持基本的兩房配置，捨一房，圓滿男主人所需的書房設計。另外，孩臥以和室面貌呈現，讓來自和室的光線，提高客廳、書房的明亮度，創造無形的視覺增坪效果。

畸零角落大變身

擴張小餐廳，進入就感到溫馨

工作陽台入口的內凹地帶，改為餐廳機能，加上原廚房外移後，讓小餐廳整個煥然一新。不論是家聚、孩子在家溫習作業，都是大門入口的溫馨畫面。

角落理一理，玄關收納多半坪！

玄關入口右側的畸零角落，原作為鞋櫃收納。調整全室格局後，打開原鞋櫃、原廚房的這一段狹長區域，加大採光窗，並一分為二，後段是餐廳，前段空間則成為實用的儲藏室。

走道一體兩用

公共、廚房走道雙效合一

原廚房將就著玄關旁畸零地帶,冰箱等廚房必備的收納單元無法完成。調整格局時,將廚房與餐廳位置互調,廚房過道也是往來的公共走道,並以拉門設計避免廚房油煙外逸至客廳、書房及睡眠區。

case 6

兩千本書＆無衣櫃 專室專用收納

挑高客廳、小廚房、窄房間！
解決家很高卻狹小的困擾

空間整併手法

畸零空間
梯下空間規畫小儲物間，居家收納多1坪。

化零為整
折線天花修飾因樑柱而中斷的天花視覺。

垂直心機
書牆貫穿兩個樓層，突顯屋高視覺及一體感。

島狀動線
以餐吧台為中心島，構成環形路徑。

整合餐廚區打開廳區的寬廣視野，而設置更衣室則解決了祖孫三代的三間房裡沒有衣櫥的難題，日常不可或缺的需求滿足了，原本的小廚房、小餐廳等「狹小」感消失了，挑高空間頓時放大了。

1 2

3

這是第二次與屋主合作，這次她選擇的是郊區的高樓層房子，交通便利，景色怡人，空氣新鮮，最適合老伴調養身體了。

房子的原始格局是，1樓作爲公共空間、三房規畫，樓上則爲獨立的主臥樓層，四房格局雖然符合屋主三代同堂使用，但也因爲多房的切割，導致各個房間狹窄，以及小餐廳、小廚房的局面。

走進走出，繞著餐廚區最快

考量三代同堂的使用情況、改善房間狹窄感，將格局做了微調變動。1樓保留雙房，但房內設置床組後，若再加入衣櫥，空間看起來更小，屋主一家人決定捨棄衣櫥，將一房改爲公共更衣室。

「大家看得到，可同時取用衣物。」、「專室專用」的收納計劃，取消夾在主臥房、孫女房之間的3坪小房，採架高地板設計，兼具更衣、儲藏功能。面向大露台的孫女房也向更衣間退縮，解決房內景深過淺的問題，同時讓臥寢品質更佳。

原本緊縮在邊陲地帶的獨立式廚房，打開封閉的屏障，整合家聚用餐的需求，以開放式一字型廚房與中島餐廚桌的方式出現，面向客廳開啓，豐富了家人的居家生活面貌。「空間作爲休養身心，在設計時想的是更有層次的表現。」長桌不僅是家庭聚會的場所，也是親子共讀，乃至於一個人記帳、調劑心情的輕鬆角落。

3米長的不鏽鋼餐檯在公共空間裡猶如一座島嶼般存在，廚房一躍成爲這個「家」的中心。餐廚桌採不靠牆設計，兩側各開出一條走道，右向轉進主臥房，左側通往更衣室、孫女房，進出房子裡外都是最短路徑，眼睛看到的都是一片寬坦景象。

1 不設電視的客廳，以挑高書牆爲伴，讓人可以靜心閱讀。2 階梯與屋頂的自由折線表現，與遠處山景產生呼應。3 空橋連結室內屋外景致，也方便取用書牆上半部的書牆。

兩千餘本書跟著挑高書牆爬

客廳裡不設電視，這是一開始進行平面格局溝通時即取得的協議，把空間主角讓給綠與光，空間裡最美的是人、景，山巒景致透過景觀窗向室內放送，傳遞蓬勃生氣。挑高書牆取代電視的設置，成為客廳的主牆，解決屋主為數龐大的藏書，將整個公共空間包覆在靜謐的開卷氛圍裡。

配合取放書牆上半部的書籍，樓上區域的空橋，連結室內屋外景致。貫穿兩個樓層的書牆設計，源自於「以山為鄰」的概念，櫃體立面呈現「曲折、不規則」的起伏韻律，表現有如稜線般的山雲折線，山與雲、櫃與屋頂對比，與自然產生呼應。

home data

屋　　型	大樓 / 新成屋
家庭成員	長輩、女兒、孫女
坪　　數	75.2坪
格　　局	1F-玄關、客廳、餐廚區、2臥房、2衛浴、更衣室、2儲藏室、3露台；夾層-臥房、書房、起居區、客浴
建　　材	木作、木地板、玻璃、金屬
得獎紀錄	2017年中國 APDC 亞太室內設計佳作

1 廚房併入餐廳，以開放式餐廚區呈現，一字廚具的右側為主臥入口。2 餐廚區是空間樞紐、家人生活的重心，走進走出全繞著長桌移動。3 樓上區域約9坪大小，包含女兒房、起居區、書房與客用浴室。

樓上套間格局，一拆爲四

樓上區域約9坪，具備一間套房使用的潛能。在新的方案裡，選擇打破套間架構，將此區拆成3個區塊，包括獨立女兒房、起居區、書房，並將浴室改爲客用，與外圍的空橋連結，讓閱讀充滿家的任何角落。

沙發背倚著書牆，面向餐廚區，抬頭仰視是一片挑高視覺，不論是客餐廳或上下樓，家人之間的對話，全然不受阻隔。在窗外綠光照拂下，人的身心靈得以和諧、安住。

1 起居區、書房與外圍的空橋連結，讓閱讀無所不在。2 主臥浴間配置降板浴池，鋪上板條，搖身一變為淋浴間。3 捨棄小房，爭取全家共用的更衣室。

空間增坪
計畫 +

雖然臥房已無設置衣櫥的地方，不過室內的畸零角落卻可以適時提供助力，加上一間小房的用途變更，填補了臥房零收納的缺口。至於兩千餘本書籍，以書牆作收納、展示，化為居家的一抹書卷風景，又有修飾樑柱視覺的妙用。

BEFORE

格局調整 LIST

Ⓐ **餐廚區**──原小廚房打掉，併入餐廳區。
Ⓑ **更衣室**──捨一小房來打造，擴大相鄰的孫女房。
Ⓒ **書牆**──利用樑柱內凹空間，規畫兩層樓高書牆。
Ⓓ **起居書房**──重新分割樓上大套間，並與空橋書廊連接，讓書卷氣息無所不在。

1F

入口▲

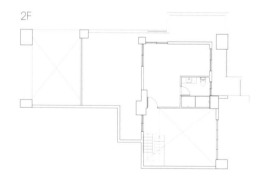

2F

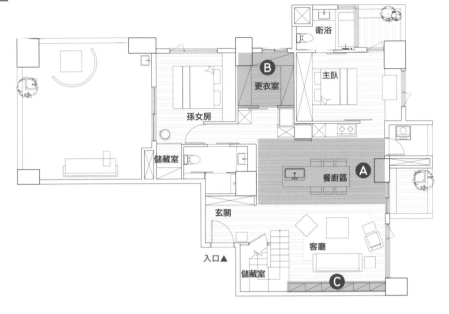

1F

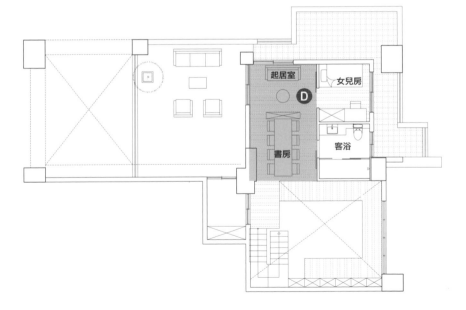

2F

爭取收納專區

梯下空間，1坪小兵立大功

傳統上，梯下空間通常作為客浴使用，空間小而悶，使用起來並不方便。但事實上，梯間雖然是歸屬於樓梯動線的附加物，空間雖小，也有0.5～1坪的可用區，加上位置鄰近大門入口，改為儲藏間，方便取放大件行李箱、掃具。

閒置畸零角落，動起來！

主臥、孫女房裡，同樣存在著不好利用的畸零角落。例如，主臥則因大樑結構，衍生而來的內凹地帶，則改為窗前臥舖，休憩、賞景皆舒適；孫女房的落地窗旁，因客浴裁切後，餘下約0.5坪的角區，於是改為獨立儲藏室。

一間更衣室，三間房的衣櫥

原始四房配置，當中有一間小房僅3坪出頭，一般大多作為和室用途。然而，三房空間狹小，若再加入衣櫥，空間的「壓迫性」將更為顯著。為了補充臥房收納的不足，將小房改為更衣室兼儲藏室，取放都方便。

垂直面運用

1倍變2倍，書牆圖書館化

屋主擁有豐富的藏書，於是利用客廳的垂直面來處理。高樓層房子的樑柱寬厚，形成一處深度60公分的內凹地帶，發展成挑高書牆，等同於兩面書牆的容納量。搭配樓上的天橋設計，呼應稜線山景的起伏立面，猶如一座美麗的私人圖書館。

樑柱隱形化

折線天花，化解樑線切割空間感

挑高客廳的折線天花以對比色，發展成一深一淺的不規則板塊，呼應書牆立面、遠方山的陵線，將樑線、照明包覆其中，讓空間更具整體感。同樣地，1樓的餐廚區，利用ㄇ型門拱的黑白跳色處理，連結左右兩端的柱身，框出一幅潛靜的居家畫面。

case

7

加寬房門餐桌借道　沿途好風景

長型屋的逆向思考！
走道加長，家反而更大更好

空間整併手法

偷空間
走道向書房局部退約90公分，爭取半坪儲物區。

架高設計
充分利用架高地板下空間作為收納使用。

彈性規畫
書房設計預留未來變更為第二間小孩房的彈性。

島狀動線
主臥以床頭櫃屏為中心，形成島狀動線。

中坪數的長型屋格局，因為向陽面的封閉式三房，導致走道
另一側產生暗房效應。設計時，利用加大引光的開口，以書
桌取代隔間、拉長走道，以及主臥的島狀動線，將長型屋經
營成走動格局，浮掠眼前的每一段風景皆耐人尋味。●

1
2

屋主是從事建築室內景觀設計的設計人,喜歡親近大自然、熱愛旅行,新居設計除了承載屋主一家四口的日常使用,也體現家人對生活品質的重視態度。房子原為三房二廳雙衛格局,長型屋加上單面採光、封閉隔間,導致室內十分昏暗。

加大採光開口,空間景深拉長

設計時,選擇從長型屋特有的長走道作為突破點,將書房、小孩房的開口,分別加大至1米4、1米3,搭配猶如一道移動牆般的寬版拉門,讓自然採光能以最大幅度潑灑入室。

拆除書房與客廳的封閉式隔間,改以長書桌取代,既圓滿書房區的閱讀使用,客廳端的沙發椅座也有了安定背牆。書桌的牆屏概念,讓客廳、書房得以分享彼此的採光、景深,而極具個性的電視牆也成為書房牆景。

回應屋主對於大自然的喜好,選材時傾向自然材,如有節理的實木地板、褐色手染OSB板的拼貼天花等,甚至是使用鐵皮屋用料的鍍鋅浪板來詮釋客廳主牆。向來與漁港劃上等號的麻繩,同樣地為此宅注入自然氣息。銀色鋼浪板電視牆延伸至玄關,整合鞋櫃、平台設計,麻繩與鐵件的玄關屏風意象,導引玄關動線,強化大門入口與廳區的互動。

1 客廳陳設自然而舒適,實木茶几搭配布皮混搭的手工沙發,展現主人的好客與對生活質感的重視。**2** 繩屏猶如一件裝置藝術,區隔玄關裡外,又強化空間對話。銀色鋼浪板電視牆則整合鞋櫃、平台。

home data

屋　　型	電梯大樓 / 新成屋
家庭成員	夫妻、2小孩
坪　　數	40坪
格　　局	玄關、客廳、餐廳、書房、主臥、小孩房、2衛浴、廚房、儲藏室、景觀陽台、工作陽台
建　　材	橡木、胡桃木、OSB板、鐵件、石板、麻繩
得獎紀錄	2017年中國APDC亞太室內設計佳作

加長走道是浪費空間？

不同於一般對於長走道的縮短處置，在這裡，反而是採取「走道再加長」的逆向操作。「與其設法改變長條動線，不如讓走道變有趣，賦予更多實用性。」公共走道的盡頭，遠遠地落在主臥衣櫃背牆，猶如一條隱性軸線，搭配兩種地板的有形軸線，支配著整個空間。將餐廚、浴室、陽台等服務性單元，以及客廳、書房、臥房等生活起居單元區分開來，彼此又因走道而緊緊串連。

在開放式餐廚空間裡，實木長桌與廚房設備接續，支援廚房檯面使用，在某些時刻又搖身一變成為親子陪讀書桌。餐廚區對面的書房、小孩房，不分晝夜，為來往走道時提供溫暖光亮。

預留書房未來變更的可能

仔細衡量書房空間，即使分出部分挪作他途也無傷，決定於轉角區置入猶如城堡般的圓柱儲物空間。增加廳區收納，也增加室內風景。架高兩階的書房，滿足偶爾留客人小住、休憩、影片分享等使用需求。日後，待小孩進入學齡階段，書房的書桌區架上玻璃、裝置簾幕，書房便是第二間小孩房。

離開公共廳區，走道直入主臥，最終匯入主臥衣櫃的灰石板背牆，連帶地讓玄關的繩屏與主臥的手作麻繩天花，一前一後呼應。

1 公共走道、兩種地材，將空間分隔成兩種屬性不同的空間。**2** 開放式廚房連結中島餐桌，天井式照明猶如灑下天光，柔和用餐氛圍。**3** 書房架高兩階，地板下是實用的收納空間，開口加大至1米4，導引光線入室。

2 3

以床頭櫃屏為中心，切分五區機能

主臥坪數大，採取以床作為空間中心。主臥床背後的床頭櫃採不及頂設計，整合工作閱讀平台、日常穿過衣物的收納櫃，在床頭後方切出了走道式更衣區，往前連結化妝檯、浴室入口的衣櫃。主臥動線因為床頭的不及頂櫃屏產生了島狀循環。

結合床區及床頭櫃的T型配置，加上四通八達的島型動線，主臥空間使用坐或臥，多了豐富與彈性，在動靜間，內外風景皆美。

1 沿著兩種地材的中界線，走道動線從玄關屏風，直到主臥衣櫃牆面。**2** 主臥的天花繩結帶來野趣況味，呼應玄關的繩屏意象。**3** 主臥床頭櫃屏整合多重功能，切出更衣區過道。**4** 小孩房衣櫥頂及天花，與書房逾100cm以上的寬版拉門形成連續的暖色板塊折面。**5** 小孩房架高地板，臥舖底板下為一格一格的抽屜。

空間**增坪**
計畫

受限於房子先天的單向採光、封閉式隔間，室內顯得沈悶，使得中坪數住宅應有的空間感無法展露。藉由穿透式設計、以桌取代牆的界定，搭配加大開口的處理，引光進入並還原空間應有的尺度，並就現有的書房、主臥條件，提高其居家收納方便性。

BEFORE

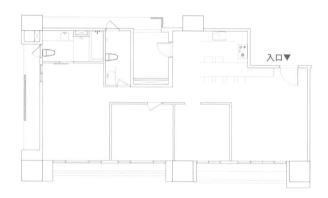
入口▼

AFTER

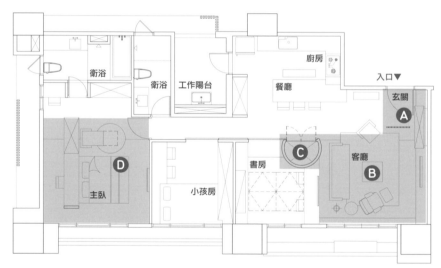

衛浴　衛浴　工作陽台　　廚房　餐廳　玄關　入口▼

A　客廳　**B**

C

主臥　**D**　小孩房　書房

格局調整 LIST

A 玄關——以麻繩與鐵件組構隔屏，圈畫玄關裡外。

B 客廳——與書房之間隔著書桌，展延空間景深。

C 儲藏室——截取走道轉角空間，以城堡意象融入空間之中。

D 主臥——以床頭櫃屏隔出更衣區走道隔開。

184

材質的視覺效果

麻繩隔屏，區隔玄關過道

原始格局裡，玄關、客廳之間是一片通透場域，設計時，利用麻繩結合鐵件架構屏風，圈畫玄關裡外，導引進入室內的動線。視覺卻又越過隔屏線條，與客廳對話，並回應空間軸線、線性美感。

天花繩結，突顯主臥屋高視覺

公共走道的兩個端點，分別落在玄關、主臥。延續玄關的麻繩隔屏意象，將麻繩結合鐵件的元素，轉化為主臥的天花繩結，帶來天花視覺的穿透、延伸感，展現溫度的對比，也為生活增添野趣。

低隔間的妙用

書桌也是沙發背牆

客廳後方的書房區，以書桌矮牆取代封密式隔間，一來提供設置沙發的安定背靠；另一方面，客廳、書房兩區也能彼此分享採光，延展空間景深，讓客廳成為書房的延伸。

爭取收納專區

柱塔式儲物區，支援廳區收納

考量到書房的坪數足夠，即使截取部分他用，也不影響書房的舒適度。在客廳與走道的轉角處，向書房內凹一個約半坪大的區域，並以城堡式的柱塔造型成為公共空間裡的景觀，為廳區爭取專用儲物區。

主臥櫃屏，隔出走道更衣區

主臥套間將近10坪，為一長型空間。床組居中擺放，床頭櫃採不及頂設計，提高前後兩區的互動，框景式櫃屏整合閱讀桌、衣櫥功能，同時也切出一條80公分寬的過道，形成走道更衣區。

case
8

走道式餐廳＋收納地下化

告別零收納、無餐桌，
小倆口的雙軸之家

空間整併手法

動線重疊
雙動線＋兩軸線設計＝小家走動不卡卡。

一物多功
大長桌＝書桌＋餐桌＋沙發背靠。

善用拉門
運用玻璃拉門，客廳、廚房使用獨立，視覺一體。

隱形收納
重新設定各區收納計畫，走到哪收到哪。

雙軸概念基礎下，巧妙利用走道空間、穿透設計等爭取書
餐桌的設置、晾曬空間，以及各區實用的「隨手做收納」
設計，協助忙碌的屋主告別混雜失控的小宅生活，悠遊地
享受倆人空間。

對於這間已生活多年的小宅，工作忙碌的夫妻倆並沒有太多時間、精力來打點，日積月累下，書籍、過季衣物、備用物品等，一袋袋整束好堆疊，散落盤據在整個生活空間裡，物滿為患。原格局配置為二房一廳一衛和一個大玄關，如何透過空間改造還原空間樣貌？讓失控的生活秩序回歸於正軌？

走道上的長桌　補足無餐廳的遺憾

一進門，玻璃格屏修正原玄關過大的比例，引領視線穿透，半遮掩地帶出公共廳區的靜謐明亮感。玄關收納櫃牆連結電視牆，一路向屋後展延，最終與廚房電器櫃接續，既提供三區的收納使用，同時也修飾結構柱子的存在。

1 電視櫃牆連結廚房、玄關，修飾結構柱子的存在。
2 玄關的玻璃格屏設計讓視線穿透，望見一室靜謐。

1

2

/home data

屋　　型	公寓／老屋
家庭成員	夫妻
坪　　數	17坪
格　　局	玄關、客廳、餐廳、書房、臥房、廚房、衛浴
建　　材	夾板木、集成夾板、玻璃、鐵件

室內空間方正，一根柱子恰好落在中心點位置，從廳區轉往寢區的過道上。順著空間結構，利用柱子衍生長桌設計，讓餐廳機能以過道餐桌表現，附屬於動線上。不僅爲屋主爭取在家處理公務、餐聚的便利檯面，提供沙發區的穩定背靠，也是空間東西橫向的視覺軸線中介。

順應空間基地的L型向陽面，導引出兩條軸線，一爲生活軸線，另一爲視覺軸線。貫穿室內的東西向軸線，三段不同高度的地坪規畫，將空間劃分爲客廳、走道區，和室，引領視覺穿透三區，構成一條筆直的視覺主軸。南北向的使用軸線沿著公共走道開展，串連各項日常起居活動，將生活場域分隔公、私兩區。

還原陽台功能　曬晾衣空間不能少

在室內坪數小的情況下，一般會希望陽台也能成爲室內空間的使用助力，即便是犧牲陽台原機能也在所不辭，如將陽台改爲廚房。但在這裡，屋後陽台爲房子的採光面之一，最終選擇還原陽台功能，讓陽台區回歸於晾衣、曬被的日常使用。因此，撤除原陽台式廚房規畫，將廚房往室內移，以玻璃屋形式與客廳分享採光、提昇兩區的互動，擴大公共區域的開闊感。簡約廚房也成爲一幅美麗的生活風景、使用軸線上的端點。

1 走道式書餐桌讓餐廳機能附屬在動線上。**2** 書餐桌橫向至主臥，延伸空間景深。

1 2

3

1 廚房從陽台內移後，與客廳等公共空間的互動性大幅提昇。2 敞開和室空間，走道與客廳得以分享來自和室的採光。3 共用浴間的設計。浴室有兩個進出口，一個面向主臥，一個面向公共空間。4 主臥空間往和室後退，解決原先只能從衣櫥、床之間取捨的難題。

微調空間　整頓生活收納秩序

原兩房設置改為一和室、一臥房。和室兼客房使用，平日敞開拉門，和室變成廳區一部分，客廳、走道區得以分享來自和室的採光。另外，架高的地板切割成四大收納格，將較大件的家用品收納地下化。

主臥作為室內唯一臥房，卻面臨空間景深不足，衣櫥、床只能二選一的難題。調整格局時，將主臥往和室推移60公分，騰出大衣櫥的空間，滿足主臥收納的使用；另更動客浴的開門位置，改為可由主臥、玄關進出的雙開口設計，當浴室兩入口完全開啟時，形成一道視覺與使用動線重疊的軸線，破除單一空間的封閉型態，便利的環狀動線，使家人得以盡情地享受居家美好時光。

空間增坪計畫

當走道附加功能後,走道就不再只是行走的過渡區域。本案以結構柱子發展長桌切入,詮釋走道在居家的地位,且順應空間基地的L型向陽面,導引出兩條軸線的概念,發展使用軸線、視覺軸線,雙軸或交會或重疊,重新整理空間與空間的關係,提昇空間坪效。

格局調整 LIST

Ⓐ **浴室**——雙動線設計,主臥浴兼客浴。

Ⓑ **廚房**——從陽台移進室內,以通透玻璃,類似開放式廚房面貌呈現。

Ⓒ **餐廳區**——利用走道動線爭取書餐桌的設置。

Ⓓ **主臥**——向和室推移一個櫃子的深度。

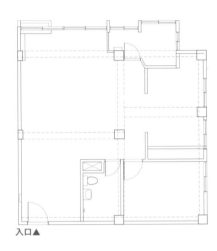

BEFORE

入口▲

AFTER

入口▲

曬衣間

Ⓑ 廚房

和室

客廳

Ⓒ 餐廳

Ⓐ 衛浴

臥室 Ⓓ

玄關

雙軸線概念

架高木地板與客廳分隔

從客廳至和室作了兩段式的地板架高處理，客廳、走道、和室等3區擁有3種不同的垂直高度，自然形成空間的分隔。當和室拉門敞開，屋外採光穿越走道、直達客廳，視線自由游走，空間更覺開闊無壓。

從柱子衍生的多功能桌

原格局安排並沒有餐廳，在家用餐只能將就客廳茶几。重新規畫格局時，利用走道空間爭取一個可多功使用的彈性空間，餐廳機能以過道餐桌呈現，活潑的生活機能化解走道過渡區的單一性。

雙動線設計

一間浴室,兩個開口

將室內唯一的衛浴更動開口位置,改採雙動線設計,讓衛浴與玄關、主臥連結。非宴客時,衛浴僅面對主臥開啟,讓主臥擁有升級的豪華套間享受。使用時完全敞開,形成一道視覺與使用動線重疊的軸線。

隱性收納設計

各區「隨手做收納」設計

將廚房自陽台空間撤離，還原陽台的晾、曬衣物功能。廚房以玻璃屋形式與客廳連結，電器櫃牆自廚房向外延伸，連結電視牆、玄關櫃，為居家空間提供一道功能強大的收納牆。

和室架高地板收納地下化

和室兼客房使用，平時敞開拉門，客廳、走道區得以分享來自和室的採光。另外，在收納部分，除了收納櫃牆之外，架高的地板切割成四大收納格，將較大件的家用品收納地下化。

case

9

一字型吧台兼主牆、隔間

聚焦開放式廚房，
在家體現米其林星級享受

空間整併手法

島狀動線
中島設計採雙動線，形成分道、但相通的路徑。

櫃牆整併
電視牆接續玄關櫃，兼具展示收納。

動線重疊
廚房走道是進出室內的過道之一。

善用畸零空間
樑下空間設計櫃牆，淡化樑的存在感。

　●回應屋主的美食觀點與愛好，鎖定以「餐廚區」作為焦
點，讓下廚、享用美食、鍋具收納等，不再只是一件例行
事務，從島狀平台開始，賓主分道前行又匯合於一廳，一
場關於味蕾的層次演繹，有滋有味，滿齒留香。●

1

/ home data

屋　　型	公寓／新成屋
家庭成員	夫妻
坪　　數	32坪
格　　局	玄關、客廳、餐廳、廚房、2房、2衛浴、儲藏室
建　　材	深刻栓木、杉木、漆、鐵件、不鏽鋼、玻璃、石英磚、木地板、賽利石
得獎紀錄	2017年中國金外灘獎最佳居住空間獎優秀獎、2017年中國APDC亞太室內設計佳作

屋主是一對熱愛美食、享受下廚樂趣的饕客夫妻，倆人經常為了一飽各地的米其林餐廳饗宴，作足了功課，提前半年跨海預約，一年飛出國數次，累積了上百顆米其林星星的摘星紀錄。

新居是典型的都會住宅，兩大一小的三房、二廳雙衛格局，未來有生育計劃，偶爾有以「食」會客的需求。另外，對於美食的熱情，愛烏及烏，也體現在形形色色的鍋具等收藏，需要收藏陳列的功能，方便隨時取用。

基於滿足屋主對品味美食、下廚料理的特質，設計時拆掉了原3房中的小房，用以擴張廚房空間，原廚房位置則改為儲藏室。「用一房換開放式廚房，感覺上似乎是浪費，但浪費一房和所爭取到理想的廚房，相較之下，卻是值得的。」

1 斜紋視覺鋪陳天花與主牆，搭配暖木色、清水模牆，強化米其林風格的優雅。**2** 走道黑色格柵，導引從玄關進入客廳的動線。**3** 關上格柵門，成為主人或傭人為避免干擾，可直接進入廚房的服務性動線。

一字型平台，打開島狀動線的潘朵拉盒

開放式ㄇ字型廚房大幅提高備菜、料理的效率，一字型不鏽鋼中島平台結合展示櫃，匯整烹煮、展示、食飲、接待的多功使用廚房。一字型吧台餐櫃也成為餐廳主牆，串連用餐區與下廚區，營造有如米其林餐廳、包廂般的私人會所，「下廚，更像是一場實境表演。」

這裡，因為加入了島狀平台，預埋多重使用這個空曠區域的可能。餐櫃右側設置金屬格柵，讓玄關入口的動線有了二擇一的選項。在宴客時，打開格柵屏風，玄關立即開出雙動線，分隔迎賓、備餐的路徑；關上隔屏後，則成為進入廚房的服務性動線使用。

島狀平台身兼數職，滿足了使用餐廳、廚房的多重面向。客廳與餐廚區交織成一個五感愉悅的廣闊場域。電視牆一路延伸至玄關，將機體設備、收藏展示、衣帽櫃的收納整合成連續牆面，分段分區使用，主牆的尺度和張力翻倍。呼應餐廚區的冷凝精緻，沙發區則以大面積的清水模牆，向走道鋪蓋而去，包覆客浴開口。

拉長走道，也拉抬浴室坪效

「大膽地加長走道吧！動線過長不見得是壞事，反而讓其他空間的使用坪效更好！」設計時，將主臥入口從走道的中段，往後移至盡頭。如此一來，不但完整了主臥空間，也讓加大客浴有了契機，從半套設備升級擁有淋浴間的配置。

主臥浴間也向主臥空間退縮，升級為擁有浴池、淋浴間的五星級飯店質感。浴室牆面貼覆仿石材，不鏽鋼加木作的置物架，透著低調的奢華感。通透的玻璃隔間設計，讓浴室得以分享來自寢區的光，自然華美的浴間也成為臥房的風景。

1 用餐區連接廚房，經營成彷若米其林餐廳包廂般的私人會所。**2** 廚房工作島桌結合展示櫃，兩側開口，主客不同動線。**3** 廚房走道也是進入室內的選擇之一，精緻的鍋具展示是行進間的愉悅風景。

兩房配置，兩種樑下衣櫥

主臥區塊重整的益處，不但提升浴室的功能性、舒適度，床尾的樑下空間規畫為衣櫥，另以清水模牆隔出一條便道，形成開放式更衣區。窗前空地方便主人安排，也為將來新增家庭人口預作準備。次臥兼客房、小孩房用途，書桌整合床頭櫃，呼應書櫃的線性延展，樑下空間則轉化一面櫃牆，在淡雅的山形木皮妝點下，助人一夜好眠，調養身心。

1 主臥浴間玻璃通透，清水牆屏隔出小型更衣區走道。2 主臥浴間壁面貼覆仿石材磚，不鏽鋼加木作的置物架，展現空間的內斂華美。3 主臥浴以玻璃牆隔間增大空間感。4 次臥書桌延伸成床頭櫃，與書櫃延展空間視覺。

廚房，是居家生活重心，可是在原格局裡卻縮在通往後陽台的角落裡。將廚房移進來後，以開放式空間呈現，一字型工作檯面延續廚房操作動線，同時也滿足收納展示、餐廳主牆、玄關隔間等需求，家居生活跟著平台區繞轉，進出動線縮短，增添移動過程中更多樂趣、美好感受。

格局調整 LIST

Ⓐ **廚房**——以一房換取開闊的ㄇ型廚房。

Ⓑ **一字型工作檯**——同時也是展示櫃、走道隔間與餐廳主牆。

Ⓒ **儲藏室**——原廚房外移，將此作為居家收納中心。

Ⓓ **主臥衛浴**——兩間浴室往主臥加大，原半套客浴升級。

BEFORE

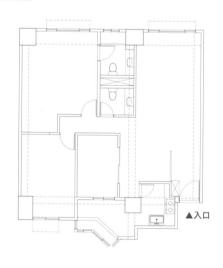

▲入口

AFTER

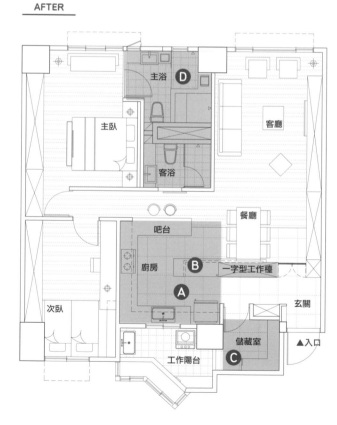

主浴 Ⓓ
主臥
客廳
客浴
餐廳
吧台
廚房 Ⓑ 一字型工作檯
Ⓐ
玄關
次臥
儲藏室 Ⓒ
工作陽台
▲入口

櫃牆整併

電視牆、展示櫃、鞋櫃三合一

打開島狀平台旁的格柵門屏，可由玄關直接進入餐廳、客廳，玄關衣帽櫃連結展示櫃、電視影音櫃等功能，修整為一道溫暖牆景，引領視覺向客廳展延，廳區更為深長寧靜。

廚房開放化

ㄇ字型廚房整合走道吧台

原廚房空間小，而且位置偏僻，不符合屋主對廚房的期望。捨一房，換取加大廚房的可能。ㄇ字型廚房設計整合走道吧台功能，讓多人同時使用廚房時，不論是下廚大展身手、備餐或飲食閒話，皆舒適無壓。

島狀平台整合展示櫃，變餐廳主牆

開放式廚房涵括一道不鏽鋼平台桌，獨立的島桌整合展示櫃，讓屋主珍藏的鍋具等有如一件件藝術精品般，融入生活場域。提供玄關迎賓、客餐廳、廚房多區共觀，也讓餐廳有了定錨般的晶瑩主牆。

清水模矮牆屏，隔出更衣過道

主臥空間深，樑下區域規畫櫃牆後，櫥櫃與床尾之間還餘留約75公分寬，透過清水模矮牆的設置，既作為主臥電視牆，也隔出一條過道，結合櫃牆設計，經營成開放式走道更衣間。

加長公共走道，完善主臥、客浴機能

將主臥入口從走道的中段，往後移至盡頭，加長公共走道。如此一來，不僅讓主臥空間完整好配置，同時也可讓衛浴從窄小空間，升級為擁有五星級質感的浴池、淋浴區。

廚房靠邊 讓家多一房

32
坪
的
家
，
祖
孫
七
口
就
連
神
明
都
能
大
滿
足
！

空間整併手法

善用拉門
書客房＋拉門隔間＝兩孩房。

櫃牆整併
沙發背牆＋神明桌設計。

地下收納
書客房架高地板＋下方空間收納使用。

架高設計
陽台木地板向客廳延伸＝平台椅座。

跟爸媽一起住！陪著小孩度過學齡前階段，三個不同世代在30坪上下的空間裡交集。突脫坪數限制，以大更動、挪移，完成四房、二廳、二衛，以及圓滿神明桌的設計，讓坪效與使用需求，發揮到。

1

2 3

嚴格說來，屋主的家庭成員是7人，雖然其中1位家人在外地工作，但也須預留家人假日回來暫住的空間；換句話說，這間32坪的都市房子裡，必須滿足一家七口、三代同堂使用。房子原本的格局為三房二廳雙衛，以及約2坪大小的儲物間，居住人口多，又有書房、禮佛的需求，那麼，房間數還有機會增加嗎？

書房多功化，貼近生活使用

第一步，是將後面的廚房整個前移至入口玄關旁，如此一來，餐廳、廚房的關係更加緊密，再將原本廚房所空出的空間，規畫成客房，成為家中第四間房，同時利用架高及拉門的設計，讓客房與書房可彈性使用，另一位家人回來時便有了暫住的夜宿空間。

「書客房之間的拉門，便是一道活動式牆屏。」扣攏拉門，大書房一切為二，兩間獨立小孩房皆擁有櫥櫃、書桌等功能，即使是留宿客人，也有兩間客房的實用性。書房的地板架高40公分，成為地下倉儲，為全家人提供大容量的收納空間，如收納棉被、行李箱等。

1.93坪小間，設置雙衛的關鍵

考量到老人家使用浴室的方便性，重新安排主、次臥的配置，擁有套房格局的主臥作為長輩房，次臥則改為主臥。主臥空間以架高的通舖取代一般雙人床、可在主床的兩側，額外添加單人床的作法，方便父母親陪著學齡前幼兒玩樂、說故事、安心入睡，兩大兩小共眠也不會覺得擁擠。

1 廳區明亮寬廣，雙面櫃牆完美隨手做收納。**2** 沙發背牆整合收納與展示、神明桌等，是進入廳區的第一道風景。**3** 前陽台的木平台搭配鐵件座椅，提高景觀陽台的使用性，為三代同堂的生活憑添許多樂趣。

home data

屋　　型	大樓／老屋
家庭成員	夫妻、2子、長輩
坪　　數	32坪
格　　局	玄關、客廳、餐廳、廚房、主臥、2衛浴、書客房、孝親房
建　　材	石英磚、玻璃、紅磚、木地板、系統家具、漆、鏡面

1 2

1 餐廳位於室內動線中心，一旁緩坡過道是通往長輩房的無障礙入口。餐廚之間的一面灰色短牆，實際上是面向廚房開啟的廚櫃。2 廚房隱藏於玄關的新砌磚牆後，凹凸不一及鏤空的磚砌方式，粗獷灰牆加上鑲嵌透光的彩色玻璃，為裡外兩區帶來美麗景致。3 主臥空間採通舖設計，方便父母親陪伴學齡前幼兒。4 基於安全考量，長輩房附屬浴間以玻璃屋形式呈現。5 利用窗簾浴鏡的遮擋角度，提高使用浴室的通透性與隱私性。

3 4

5

隨著廚房從角落外移至玄關旁，客浴空間的歸屬成爲討論集點。最終的定案是，取消位於長輩房、主臥之間的小儲物間，將長輩房浴室與客用浴室整合在一塊，並重新分配、切割兩間浴室。

更動長輩房入口，成爲一進臥房即進入浴室的直行動線，搭配浴室玻璃屋化，一來老人家使用浴室若有突發異況，家人們能在最短時間內應變處理；另一方面，玻璃屋設計讓浴室、睡眠區可以相互採光、視覺穿透，放大空間感。

隱藏版神明桌，藏在櫃牆細節裡！

基於老人家的活動方便性、安全考量，長輩房入口連結公共走道的動線上，特意採緩坡設計，營造一個無障礙環境，老人家進出臥房更輕鬆自如。

客廳沙發背牆與長輩房隔間採雙面櫃設計，櫃牆深度左右不同，在前後兩區形成凹凸對應的櫃深。背牆的內凹區整合神明桌機能，桌面平台融入櫃牆層板的水平視覺，搭配錯落放置的收納木盒，展示、收納、禮佛等全藉由這道牆獲得滿足，讓廳區充滿活潑與輕鬆感。

客廳、餐廳開通寬闊，陽台木地板向室內延伸，成爲廳區裡或坐或躺的平台椅座。木平台木料從地板、牆面，再到天花，框式作法將窗外的綠景光線，與家人間的共居閒情，緊扣包含與相連。

陽光明媚的日子裡，阿公、阿媽不論是陪著孫兒在景觀陽台嬉戲玩耍，或是在客廳裡活動，都能就近照探幼孫的活動，享受含貽弄孫的樂趣。空間是有限的，透過創意的巧思安排，爭取圓滿空間需求的最大值。

空間增坪計畫

雖然室內坪數有限，掌握「空間可彈性轉換用途」的大原則下，融入屋主一家七口的空間需求，重新審視平面格局，將角落廚房外移、捨小儲間作為客浴，並以空間美學的觀點重新定義神明桌，賦予禮佛空間新面貌。家，回應著三代同堂的各個面向！

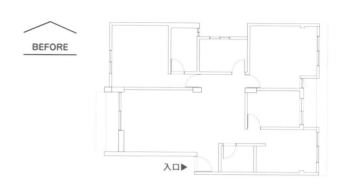

BEFORE

入口▶

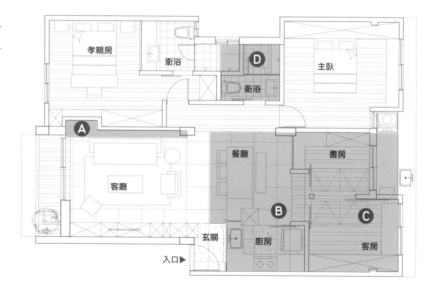

AFTER

孝親房　衛浴　D　主臥
衛浴
A
餐廳　書房
客廳
B　C
玄關　廚房　客房
入口▶

格局調整 LIST

Ⓐ **客廳**——沙發後方的櫃牆整合神明桌功能。

Ⓑ **餐廚空間**——將廚房自角落前移，緊密餐廳、廚房的關係。

Ⓒ **書客房**——原廚房改為書客房，透過中間的拉門日後也可分隔成2間獨立的小孩房。

Ⓓ **衛浴**——玄關旁客浴移至原長輩房與主臥之間的小儲物間。

電視櫃牆側邊面向玄關開啟

玄關大門正對著廚房隔間牆，沒有設置玄關櫃的餘地。因此，在思考電視主牆設計時，一併帶入玄關的收納需求，讓電視櫃牆與玄關過道連結的轉角櫃面向玄關動線開啟，方便鞋物等收納，也有延展主牆尺度的妙用

沙發背牆展示＋神明桌功能

客廳沙發背牆特別做了兩種不同深度設計，淺櫃部分利用水平層板、錯落放置的收納木盒，提供客廳背後收納與展示使用。近陽台區域則以內凹60公分的櫃深，取代傳統的神明桌設置，作為居家禮佛使用，讓客廳充滿活潑與輕鬆的調性。

空間乾坤挪位

空間位移，調整出最佳機能

原大門旁的客浴移出後，騰出來的空間改為廚房，改善原廚房與客餐廳的疏離關係。另外，取消位於長輩房、主臥之間的小儲物間，改為浴室使用，重新分配浴室機能。

架高＆拉門設計

預留空間一切二的彈性

利用架高及拉門的設計，大幅提高書房的使用彈
性，既是提供另一位家人回來時暫住的第四房，
日後幼兒進入就學階段，需要獨立臥房，拉門便
是一道隔間牆，圓滿雙孩房的使用需求。

戶外港灣入室 自家就有室內跑道

45度動線，轉出孩子
任意跑跳的山林天堂

空間整併手法

偷空間
利用實木天花格柵，與鐵件格柵界定玄關範圍。

一物多功
開放式書房的長書桌也是客廳沙發背靠。

視覺坪效
以45度的轉角處理，加深視覺的廣度、深度。

善用畸零
因45度動線設計餘留的畸零區規畫窗榻平台。

因為山、因為天空，從客廳往陽台方向遠眺，那一整片的
茂林綠地，成為空間設計與配置的發想。整個廳區順著山
林景致轉了一個角度，開放通透的安排，搭配陽台雙動
線，為孩子營造快樂的山林樂園。◆

繼第一間房子「一張桌子」交屋後一年多，因為家中新添成員，原生活空間已不敷使用，因而考慮搬家。新居位置依山面海，有著三房二廳的格局，尤其特別的是，從客廳的一角望去，基隆丘陵地的山谷、海景，風與光一路斜織登堂入室。「山海觀」便成了此案的設計主軸。

45度斜角　把港灣天空延攬入室

怎麼順著天光、地勢走向，讓空間的優勢發揮至最大值？於是，有了「45度」斜角設計的萌發，即便是方正格局，也可以透過45度的動線引導，加深視覺的廣度、深度。

三房配置被保留了下來，原封閉式廚房拆除隔間，以島型吧台與長餐桌結合，在廚房備餐、煮食時，與家人們對話互動再也不受一牆之隔，轉過身，便能看到開闊的居家視野、屋外的碧藍天空。

連結45度動線的安排，在大門入口處，利用由內而外貫穿的實木天花格柵、從開放式廚房延伸的木餐桌作為邊界，切出一塊三角形區域，破除長型廳區的冗長感，也形塑出玄關空間。從入口的玄關石材地坪，一直到家具的配置，包括書餐桌、電視櫃、展示櫃等，都儘可能地呼應45度斜角動線，鋪陳方正格局與自然景觀共存的最佳角度。

1 從開放式廚房延伸的木餐桌，結合鐵工隔屏等，形塑出玄關空間。2 45度斜角動線，就是為了將所有視線直指戶外的風景。

╱home data

屋　　型　公寓／老屋
家庭成員　夫妻、1小孩
坪　　數　50坪
格　　局　客廳、餐廳、書房、廚房、2臥房、2衛浴
建　　材　石材、夾板、角料、玻璃、鐵件、實木
得獎紀錄　2015年中華創意設計獎「家居空間大獎」入圍
　　　　　2016年義大利 A'Design Award 室內空間住宅案 銀獎

1 位於客廳、餐廳、走道三叉口的柱子，發展成開放式書房，長木桌既是書桌，也是沙發背靠。2 半戶外陽台安排兩個不同出入口，實用性大幅提高。3 書櫃立面採45度斜角，呼應由外而內，包括天花及牆體，皆是斜角的關係。4 原陽台與客廳的落地窗改為固定窗，成為設置電視牆的穩定立面，又不影響視線穿透。

3　4

順著空間結構　爲收納設計增添助力

公共空間開闊明亮，位於客廳、餐廳、走道三叉口的柱子，以此爲結構支撐規畫閱讀區。長木桌既是書桌，也是客廳沙發的安定背靠，搭配鐵件書櫃45度轉折立面，在窗前匯集成一塊畸零平台，成爲男主人閒暇時撫琴的小窗榻。

回應主人的藏書、生活收納需求，除了在各區域規畫專屬該區的收納單元，餐廚廳區的樑下空間也順勢發展成一道60公分深度的展示櫃牆，同時也是公共區的小儲藏室。櫃牆以木皮、夾板交叉施作，呈現出一道凹凸起伏的溫暖韻律，從廳區折向走道。

陽台出入二個門　孩子裡裡外外繞著跑

景觀陽台約6坪大小，給了人很大的想像空間。在這間景觀住宅，捨棄陽台增建的想法，從「玩」的角度來思考景觀陽台在空間、對生活的意義。怎麼做能讓陽台變得更有趣呢？

原陽台與客廳的落地窗改為固定窗設計，另從客廳側面重新開口，讓景觀陽台擁有兩個出入口，形成循環動線。從生活的角度來看，孩子們的腳踏車、照料植栽及工程維修等都可以經由玄關右轉，直接進入陽台，無須穿越客廳；對孩子來說，繞著以客廳電視平台為中心的迴轉動線，活脫脫像一座迷你運動場，即使是多雨陰霾的雨都季節，孩子無窮的精力也有地方恣意發揮。

空間用材上，擇選自然環保、可回收的夾板、角料、實木、鐵件、玻璃等，呼應屋外山林景觀，轉角度的視覺處理更將生活與自然環境緊密連結，呈現一個處處是大自然景致，也是生活風景的居家新貌。

1 開放式廚房以島型吧台與餐桌結合，在廚房備餐、煮食時，轉過身，看到的便是開闊無阻的視野。**2** 利用樑下空間設計展示櫃，櫃面凹凸起伏的立體視覺從廳區折向走道。**3** 主臥床位居中設置，床頭後方另隔出閱讀小區。

空間增坪
計畫

BEFORE

入口▶

開放式ㄇ型廚房結合餐桌,延展廳區的
景深。廳區採45度轉角設計,讓綠景、
水池取代增建,整個空間藉由視覺延
伸,從室內經由戶外陽台,再到整座山
林,將室外景致引入室內,生活場域更
為開闊、悠揚。

AFTER

B 廚房　工作陽台

臥房

衛浴

入口▶

玄關 A

書房

客廳 C

主臥 D

衛浴

景觀陽台

格局調整 LIST

Ⓐ **玄關**——利用格柵、餐桌作為邊界,切出三角形的空間區塊。
Ⓑ **廚房**——改為開放式設計,與餐廳整合。
Ⓒ **客廳**——透過45度動線引導,將室外景致引入室內。
Ⓓ **主臥**——借用床頭後方的走道自成一書桌閱讀區。

45度轉角設計

隔屏、格柵天花、餐桌組構玄關

原格局並沒有玄關設置，呼應公共空間的45度轉角處理，利用隔屏、格柵天花，以及從廚房延伸出來的餐桌，切出了三角形玄關。玄關的石材地坪、木地板的斜向貼法，回應廳區空間的斜角轉向。玄關櫃箱則提供穿鞋椅、置物收納使用。

櫃牆立面以45度斜入

呼應公共空間的45度轉角設計，室內地景、天花、家具，以及鐵件書櫃、餐廳展示櫃等也都儘可能地以斜角轉向處理，引領視覺向戶外陽台延伸，同時也將室外的自然風景延攬入室。

善用結構柱

將柱子延伸出書桌的支撐

客廳的結構柱子恰好落在客、餐廳及走道的交會地帶，設計時捨棄將柱體包覆的修飾作法，順勢延伸成書桌的支撐，讓柱子在空間的存在合理化，也為男主人爭取開放書房的設置。

雙出口雙動線

捨棄增建,陽台的實用性更高

改變進出陽台的方向,原落地窗位置則成了
電視平台的穩定背靠。陽台兩個開口,構成
了一個以電視平台為中心的環狀動線,也讓
工程維修、植栽翻新等工事,可以直接從玄
關切進陽台。

走道二用

床位居中放,走道隔出閱讀區

主臥空間狹長,床位設置在多方考量下,決
定採「居中」的作法。另外,利用床頭後方
逾80公分寬的過道,隔出女主人的閱讀休
憩區,大幅提高空間坪效。

本書獻給我的太太，及支持我的家人與朋友們。

好設計，讓你的家多❷⁺坪

不浪費裝修術！
賺空間、省設備、少建材、家具一件就搞定，還能無中生有多一房

作者 尤噠唯
美術設計 IF OFFICE

文字協力 魏賓千
執行編輯 溫智儀、莊雅雯
責任編輯 詹雅蘭

行銷企劃 郭其彬、王綬晨、邱紹溢、陳雅雯、張瓊瑜、余一霞、王涵、汪佳穎
總編輯 葛雅茜
發行人 蘇拾平
出版 原點出版 Uni-Books
E-mail uni-books @ andbooks.com.tw
電話 （02）2718-2001 傳真 （02）2718-1258

發行 大雁文化事業股份有限公司
台北市松山區105復興北路333號11樓之4
www.andbooks.com.tw
24小時傳真服務 （02）2718-1258
讀者服務信箱Email andbooks@andbooks.com.tw
劃撥帳號 19983379
戶名 大雁文化事業股份有限公司

初版 1 刷 2018年02月
初版 4 刷 2020年04月
定價 399元
ISBN 978-957-9072-05-2

好設計,讓你的家多2坪：不浪費裝修術！賺空間、省設備、少建
材、家具一件就搞定,還能無中生有多一房/ 尤噠唯著. -- 一版.
-- 臺北市:原點出版 : 大雁文化發行, 2018.02；240面；17x23公
分

ISBN 978-957-9072-05-2(平裝)

1.家庭佈置 2.室內設計 3.空間設計
422.5 106024713